I0073190

Mathematik

Einführung für Wirtschafts- und Sozialwissenschaftler

Von
Universitätsprofessor
Dr. Alfred Hamerle
und
Dr. Peter Kemény

3. Auflage

R. Oldenbourg Verlag München Wien

Die Deutsche Bibliothek — CIP-Einheitsaufnahme

Hamerle, Alfred:
Mathematik : Einführung für Wirtschafts- und
Sozialwissenschaftler / von Alfred Hamerle ; Peter Kemeny. —
3. Aufl. — München ; Wien : Oldenbourg, 1994
  ISBN 3-486-22712-2
NE: Kemeny, Peter:

© 1994 R. Oldenbourg Verlag GmbH, München

Das Werk einschließlich aller Abbildungen ist urheberrechtlich geschützt. Jede Verwertung
außerhalb der Grenzen des Urheberrechtsgesetzes ist ohne Zustimmung des Verlages unzu-
lässig und strafbar. Das gilt insbesondere für Vervielfältigungen, Übersetzungen, Mikrover-
filmungen und die Einspeicherung und Bearbeitung in elektronischen Systemen.

Gesamtherstellung: MB Verlagsdruck, Schrobenhausen

ISBN 3-486-22712-2

Inhaltsverzeichnis

1. Kapitel: Einführung

Das vorliegende Lehrbuch richtet sich vor allem an Studenten
der Psychologie, Soziologie, Pädagogik sowie Politikwissen-
schaften und hat die grundlegenden mathematischen Methoden
zum Gegenstand, die für die sozialwissenschaftliche Grund-
lagenforschung, die empirische Forschung und insbesondere
für das Verständnis der statistischen Verfahren in den Sozialwissenschaften unentbehrlich sind. Dabei wird die mathematische Darstellung nicht auf abstrakter Ebene vollzogen, sondern
die behandelten mathematischen Begriffe und Verfahren werden
stets im sozialwissenschaftlichen Kontext, d.h. anhand von
konkreten Problemstellungen diskutiert, so daß auch Mediziner,
Wirtschaftswissenschaftler sowie im Bereich der empirischen
Wirtschafts- und Sozialforschung tätige Praktiker diesem Basistext Anregungen entnehmen können.

Im Einklang mit dem modernen Selbstverständnis der Sozialwissenschaften als empirische Wissenschaften wurde in zunehmendem Maße die Möglichkeit erforscht, sozialwissenschaftliche
Beziehungen in mathematischer Form auszudrücken. Dies führte
in vielen Bereichen naturgemäß zu einer formalisierten Darstellungsweise. Dabei nehmen die "mathematischen Modelle"
eine herausragende Stellung ein, weil sie meistens als logische
Gerüste von Theorien unentbehrlich sind. Eine grundlegende
Eigenschaft aller Modelle ist die Abbildung einiger wichtiger
Aspekte der Realität durch ein in höherem Maße abstraktes
System. Sie beschreiben schematisch die wesentlichen Gesichts-
punkte eines Forschungsfeldes oder Problemkreises. Bei der
Anwendung eines Modells übernehmen die abstrakten Elemente
und Relationen eines mathematischen Systems die Rolle von
Objekten, Individuen und Beziehungen zwischen ihren Eigenschaften in der Realität. Demnach wird das Modell als eine
abstrakte Darstellung der Realität betrachtet. Das Modell,
insbesondere ein mathematisches Modell in den Sozialwissenschaften, formalisiert Grundannahmen und Hypothesen einer
theoretischen Konzeption für sozialwissenschaftliche Prozesse
und Strukturen und deduziert aus diesen mit Hilfe formaler
Techniken gewisse Konsequenzen, Strategien oder Relationen
zwischen den involvierten Konstrukten bzw. Variablen. Meist
werden die Relationen zwischen den Variablen und sonstigen

Elementen des Systems in Form von Gleichungen, Ungleichungen, Abbildungen und Funktionen ausgedrückt.

Die Vorteile der Verwendung von mathematischen Modellen in den Sozialwissenschaften bestehen darin, daß sie

- die Anzahl und Präzision der deduzierbaren Ableitungen wesentlich erhöhen,
- überflüssige Annahmen in der Theorie aufdecken,
- auf der formalen Ebene leichter Widersprüche entdecken,
- in Kombination mit empirischen Untersuchungen die Erforschung sozialwissenschaftlicher Prozesse entscheidend vorantreiben.

Zur Darstellung weiterer Vorteile von mathematischen Modellen in den Sozialwissenschaften vergleiche man beispielsweise APOSTEL (1961), BJORK (1973), DEPPE (1977) oder TACK (1969).

Durch den vorliegenden Basistext soll dem Studenten und Praktiker das Verständnis der durch die Einführung mathematischer Modelle bedingten formalisierten Darstellungsweise erleichtert werden, um auch dem noch nicht mit mathematischen Methoden vertrauten Leser die Logik der Zusammenhänge transparent zu machen und es ihm zu ermöglichen, Forschungsergebnisse in diesen Bereichen mit Gewinn lesen zu können.

Da die Autoren in ihren Lehrveranstaltungen feststellen mußten, daß die mathematischen Vorkenntnisse der Studenten der Sozialwissenschaften recht unterschiedlich sind, werden in Kapitel 2 die wichtigsten Grundbegriffe der Elementarmathematik, soweit sie für die Sozialwissenschaften von Bedeutung sind, nochmals ausführlich erörtert. Dadurch soll der Versuch unternommen werden, den unterschiedlichen Eingangsvoraussetzungen der Studienanfänger Rechnung zu tragen.

Durch den einführenden Charakter und durch das Streben nach einem möglichst niedrigen Preis sind zwangsläufig Inhalt und Umfang dieses Lehrbuches Grenzen gesetzt, so daß selbstverständlich nicht alle Teilgebiete der Mathematik, die für die Anwendung mathematischer Modelle in den Sozialwissenschaften bedeutsam sind, behandelt werden können. So mußte beispielsweise auf die Darstellung wichtiger mathematischer Teilgebiete

wie Differential- und Integralrechnung, Differentialgleichungen,
Graphentheorie, Vektordifferentiation, etc. verzichtet werden.
Es ist beabsichtigt, die genannten und weitere im Rahmen dieser
Einführung nicht abgedeckte Bereiche in einer erweiterten
Fassung miteinzubeziehen.

Bei der hier getroffenen Auswahl lagen die Akzente auf denjenigen Bereichen der Mathematik, die zum Verständnis der für
das Studium der Sozialwissenschaften wichtigen Gebiete wie
Meßtheorie und Skalierung, Wahrscheinlichkeitsrechnung, Psychologische Testtheorie und insbesondere der multivariaten statistischen Methoden erforderlich sind. Dabei wurde darauf geachtet,
die bei den Studenten der Sozialwissenschaften meist ungeliebten
mathematischen Verfahren so verständlich wie möglich zu gestal-
ten. Darüber hinaus werden sämtliche Begriffe und Verfahren
durch eine Reihe von Anwendungsbeispielen im sozialwissenschaftlichen Kontext ausführlich demonstriert und erläutert.
Aus diesem Grunde und mit Blickrichtung auf den beschränkten
Umfang dieser Einführung wurde auf die Einbeziehung weiterer
Übungsaufgaben am Ende der einzelnen Kapitel verzichtet. Dagegen wird am Ende jedes Kapitels eine kleine Auswahl weiter-
führender Literatur zur Vertiefung angeboten.

Definitionen, Aussagen, Sätze und Regeln, die den Autoren
aus didaktischen Gründen für das Verständnis besonders
wichtig erschienen, wurden durch Einrahmung hervorgehoben,
wobei nicht immer explizit darauf hingewiesen wurde, daß
es sich um mathematische Aussagen der genannten Art handelt.

Frau W. Büchl hat mit großer Sorgfalt die Übertragung des
schreibtechnisch schwierigen Manuskripts besorgt. Ihr sei
an dieser Stelle herzlich gedankt. Schließlich ist es den
Verfassern eine angenehme Pflicht, dem Verlag R. Oldenbourg,
insbesondere Herrn Diplom-Volkswirt M. Weigert, für die stets
gute Zusammenarbeit zu danken.

2. Kapitel: Grundbegriffe der Elementarmathematik

2.1 Klassifikation der Zahlen und Regeln der Arithmetik

Der Vorgang des Abzählens von gleichartigen Gegenständen oder Begriffen führt zu den <u>natürlichen Zahlen</u>. Sie werden in dem bei uns gebräuchlichen Zahlensystem mit Hilfe von arabischen Ziffern 0,1,2,...,9 geschrieben:

$$1,2,3,4,5,6,7,8,9,10,11,12,...$$

Die natürlichen Zahlen lassen sich auf dem <u>Zahlenstrahl</u> veranschaulichen:

Aus jeder natürlichen Zahl läßt sich durch Hinzufügen der Einheit 1 eine neue natürliche Zahl gewinnen, und der Zahlenstrahl läßt sich in Pfeilrichtung unbegrenzt fortsetzen, d.h.

> Es gibt keine größte natürliche Zahl

In einer formaleren mathematischen Darstellung werden die natürlichen Zahlen gewöhnlich <u>axiomatisch</u> oder als <u>Äquivalenzklassen</u>[*] eingeführt, etwa durch die Axiome von PEANO.

Aus diesen Axiomen (Grundannahmen, Prämissen) lassen sich alle Eigenschaften der natürlichen Zahlen ableiten. Für die natürlichen Zahlen als Zahlenmenge hat sich die Bezeichnungsweise $\mathbb{N}$ eingebürgert, d.h.

$$\mathbb{N} = \{1,2,3,4,...\}.^{[**]}$$

Die einfachste Rechenoperation mit natürlichen Zahlen ist die <u>Addition</u>. Sie charakterisiert das Zusammenfügen bzw.

---

[*] Bezüglich der Begriffe "Axiom" und "Äquivalenzklasse" vergleiche man Kapitel 3, Abschnitt 3.1 bzw. 3.3.

[**] Zur Darstellung einer Menge durch geschweifte Klammern vergleiche man Abschnitt 3.2.

Zusammenzählen, das aus dem Alltagsleben wohlbekannt ist.
Es handelt sich dabei um nichts anderes als abgekürztes
Vorwärtszählen, als Operationszeichen dient "+" (lies: plus).
Am Zahlenstrahl veranschaulicht bedeutet die Addition der
Zahlen 4 und 3, also

$$4 + 3,$$

daß man auf dem Zahlenstrahl zunächst den Punkt 4 aufzu-
suchen hat und von da aus um drei Einheiten nach rechts
("vorwärtszählen") gehen muß. Man landet bei der Zahl 7.
Diese Vorgehensweise bei der Addition ist nicht nur für
die hier verwendeten Zahlen 4 und 3 gültig, sondern für
beliebige natürliche Zahlen.

In der Mathematik verwendet man aus diesem Grund zur allgemeinen Darstellung nicht bestimmte Zahlen (wie hier 4
und 3), sondern allgemeine Symbole für die Zahlen, z.B.
kleine lateinische Buchstaben. Die Addition schreibt sich
dann in allgemeinen Symbolen:

$$a + b = c.$$

Die beiden Zahlen a und b, die addiert werden, heißen Summanden, das Ergebnis c bezeichnet man als Summe. Die Addition von natürlichen Zahlen ist stets durchführbar und
das Ergebnis ist wieder eine natürliche Zahl.

Bei der Addition sind die einzelnen Summanden ohne weiteres vertauschbar, d.h. die Addition ist kommutativ.

$$a + b = b + a \quad \text{Kommutativgesetz}$$
$$\text{der Addition}$$

Ferner kann die Addition auf mehr als zwei Summanden erweitert werden. Dies geschieht durch sukzessives Zusammenzählen von jeweils zwei Summanden. Dabei ist die Reihenfolge
der Zusammenfassung ohne Einfluß auf das Resultat. Für drei
Summanden gilt beispielsweise

$$(a + b) + c = a + (b + c) \quad \text{Assoziativgesetz}$$
$$\text{der Addition}$$

Eine weitere Rechenoperation, die im Bereich der natürlichen Zahlen uneingeschränkt durchführbar ist, ist die Multiplikation. Dabei handelt es sich im Grunde um eine fortgesetzte Addition mit demselben Summanden, z.B.

$$4 + 4 + 4,$$

für die abkürzend 3 · 4   geschrieben wird.

Der Punkt als Multiplikationszeichen wird gelegentlich auch
weggelassen, wenn man mit allgemeinen Zahlensymbolen rech-
net. So bedeutet ab dasselbe wie a · b und 3x dasselbe wie
3 · x, etc.

Auch bei der Multiplikation ist die Reihenfolge der einzelnen Faktoren ohne Belang, das Resultat der Multiplikation,
das Produkt, ist stets dasselbe. Gleichfalls gilt das Asso-
ziativgesetz bei fortgesetzter Multiplikation. Allgemein
ist also

a · b = b · a	Kommutativgesetz der
	Multiplikation

(a · b) · c = a · (b · c)	Assoziativgesetz
	der Multiplikation

Die Multiplikation ist eine Rechenoperation 2. Stufe, während es sich bei der Addition um eine Rechnungsart 1. Stufe
handelt. Dies beeinflußt die Reihenfolge der Rechenoperationen:

> Die Rechenoperation höherer Stufe ist zuerst durch-
> zuführen ("Punktrechnung geht vor Strichrechnung").
> Sollen die Operationen in anderer Reihenfolge aus-
> geführt werden, so sind Klammern zu setzen. Der je-
> weils in Klammern stehende Ausdruck wird zuerst aus-
> geführt.

Die zur Addition entgegengesetzte Rechenoperation 1. Stufe
ist die Subtraktion. Sie kann auf dem Zahlenstrahl durch
"Rückwärtszählen" veranschaulicht werden.

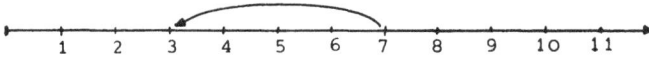

Beispielsweise erhält man die Differenz

$$7 - 4$$

indem man ausgehend von der Zahl 7 auf dem Zahlenstrahl um
4 Einheiten nach links zählt. Man landet bei der Zahl 3.

Allerdings kann im Bereich der natürlichen Zahlen nicht
jede Subtraktion ausgeführt werden, beispielsweise ist die
Differenz

$$4 - 7$$

keine natürliche Zahl mehr. Soll die Subtraktion immer durchführbar sein, muß das Zahlensystem erweitert werden. Man erreicht dies durch Hinzunahme der Zahl 0 und der negativen
(ganzen) Zahlen.

Graphisch kann man dies dadurch veranschaulichen, daß der
Zahlenstrahl am Ausgangspunkt (Nullpunkt) gespiegelt wird,
so daß nun vom Nullpunkt aus nach links und rechts in gleichen Abständen die Zahlen 1,2,3,4,... aufgetragen werden.
Die Zahlen links von 0 werden mit einem Minuszeichen "-"
versehen und als negative Zahlen bezeichnet.

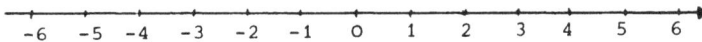

Das Pluszeichen bei den rechts vom Nullpunkt aufgetragenen
positiven ganzen Zahlen (natürlichen Zahlen) wird meist weggelassen (+ 3 = 3). Der Zahlenstrahl besitzt jetzt keinen
Anfangspunkt mehr und ist nach beiden Seiten unbegrenzt; man
spricht von der Zahlengeraden.

Man erhält auf diese Weise die Menge der ganzen Zahlen

$$\ldots,-4,-3,-2,-1,0,1,2,3,4,\ldots,$$

die mit $\mathbb{Z}$ bezeichnet wird.

Addition,Subtraktion und Multiplikation sind im Bereich der
ganzen Zahlen uneingeschränkt durchführbar. Für die Addition
und die Multiplikation gelten auch in **Z** die Gesetze der Kommutativität und Assoziativität, für die Subtraktion hingegen nicht! Beispielsweise ist

$$15 - 8 \neq 8 - 15.$$

Multipliziert man Zahlen mit beliebigem Vorzeichen, so gelten die folgenden Regeln:

$$
\begin{array}{rcl}
(+a) \cdot (+b) &=& +(ab) \\
(+a) \cdot (-b) &=& -(ab) \\
(-a) \cdot (+b) &=& -(ab) \\
(-a) \cdot (-b) &=& +(ab)
\end{array}
$$

Bei der Multiplikation von Zahlen mit gleichen Vorzeichen
ist das Produkt stets positiv, bei Zahlen mit verschiedenen Vorzeichen ist das Produkt negativ.

Die zur Multiplikation entgegengesetzte Rechenoperation ist
die Division. Beispielsweise führt die Frage nach dem Faktor,
mit dem die Zahl 3 multipliziert werden muß, damit als Produkt die Zahl 12 resultiert, also

$$? \cdot 3 = 12,$$

bekanntlich zu einer Divisionsaufgabe, deren Ergebnis

$$12 : 3 \text{ bzw. } \frac{12}{3}$$

ist. Wie bereits angedeutet, ist das Operationszeichen der
Division das Teilungszeichen ":" oder ein schräger oder ge-
rader Bruchstrich. So bedeuten die Ausdrücke

$$12 : 3, \frac{12}{3} \text{ oder } 12/3$$

alle dasselbe, nämlich die Division der Zahl 12 durch die
Zahl 3. Das Ergebnis ist ein Quotient.

Soll die Division in jedem Fall durchführbar sein, so muß
das Zahlensystem der ganzen Zahlen erneut erweitert werden,

denn z.B. ist $\frac{1}{3}$ keine ganze Zahl mehr. Man muß naheliegen-
derweise alle "Brüche" hinzunehmen. Für die "Brüche" gibt
es zwei Möglichkeiten der Darstellung:

1. Ein in der Form $\frac{a}{b}$ geschriebener Quotient, wobei a und b
   ganze Zahlen sind, heißt gemeiner oder gewöhnlicher Bruch.
   Die Zahl a ist der Zähler, die Zahl b der Nenner des Bruches. Gelegentlich wird noch zwischen echten und unech-
   ten Brüchen unterschieden. Bei echten Brüchen ist der
   Zähler immer kleiner als der Nenner, d.h. der Wert des
   Bruches ist stets kleiner als 1.

Beispiele:

$\frac{3}{5}$ oder $\frac{7}{8}$ sind echte Brüche,

$\frac{9}{4} = 2\frac{1}{4}$ ist ein unechter Bruch.

2. Löst man die im Bruch enthaltene Divisionsaufgabe, erhält
   man einen Dezimalbruch.

Beispiele:

$\frac{7}{80} = 0,0875$

$2\frac{1}{4} = 2,25$

$\frac{3}{4} = 0,75$

Besteht der Nenner eines echten Bruches lediglich aus einem
Produkt der Faktoren 2 und 5, so geht die Division auf. Sind
im Nenner noch andere Faktoren enthalten, ergibt sich ein
unendlicher periodischer Dezimalbruch, etwa

$\frac{1}{3} = 0,3333....$

In der Praxis werden solche Dezimalbrüche auf- bzw. abgerun-
det.

Die ganzen Zahlen und die Brüche (bzw. die unendlichen Dezimalbrüche, die periodisch sind) bilden zusammen die Menge der

rationalen Zahlen, die mit Q bezeichnet wird. Eine graphi-
sche Veranschaulichung kann ebenfalls auf der Zahlengeraden erfolgen, wobei jetzt auch beliebige Brüche aufgetragen
werden, z.B.

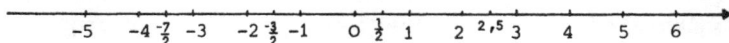

Auch im Bereich der rationalen Zahlen gelten für die Addition
und die Multiplikation das kommutative und das assoziative
Gesetz. Alle vier Grundrechnungsarten, nämlich Addition und
Subtraktion als Rechenoperationen 1. Stufe sowie Multiplikation und Division als Rechenoperationen 2. Stufe (Regel
"Punkt vor Strich" bei zusammengesetzten Rechenvorschriften!)
können mit einer einzigen Ausnahme uneingeschränkt durchgeführt werden. Die Ausnahme lautet:

> Durch die Zahl O darf nicht dividiert werden.

Die praktische Berechnung von Summen, Differenzen, Produk-
ten oder Quotienten wird heute zweckmäßigerweise mit Hilfe
eines Taschenrechners durchgeführt. Deshalb kann auf die
detaillierte Darstellung der Rechenregeln für Brüche z.B.
Suche des Hauptnenners bei der Addition an dieser Stelle
verzichtet werden. Hier sei nur an zwei Regeln kurz erinnert:

> Brüche werden multipliziert, indem man jeweils die
> Zähler und die Nenner der Brüche miteinander multi-
> pliziert.
>
> Durch einen Bruch wird dividiert, indem man mit dem
> Kehrwert (Zähler und Nenner vertauscht) multipli-
> ziert.

Beispiele:

$$\frac{3}{4} \cdot \frac{2}{5} = \frac{6}{20}.$$

$$\frac{3}{4} : \frac{2}{5} = \frac{3}{4} \cdot \frac{5}{2} = \frac{15}{8}.$$

$$4 \cdot \frac{2}{5} = \frac{4}{1} \cdot \frac{2}{5} = \frac{8}{5}.$$

$$4 : \frac{2}{5} = \frac{4}{1} \cdot \frac{5}{2} = \frac{20}{2} = 10.$$

Bei der Multiplikation und Division von Zahlen mit verschiedenen Vorzeichen gelten in $\mathbb{Q}$ dieselben Regeln wie im Bereich der ganzen Zahlen. Sie werden hier nochmals zusammengefaßt:

$$(+a) \cdot (+b) = +(ab) \qquad (+a) : (+b) = + \frac{a}{b}$$

$$(-a) \cdot (+b) = -(ab) \qquad (-a) : (+b) = - \frac{a}{b}$$

$$(+a) \cdot (-b) = -(ab) \qquad (+a) : (-b) = - \frac{a}{b}$$

$$(-a) \cdot (-b) = +(ab) \qquad (-a) : (-b) = + \frac{a}{b}$$

Dabei können die Zahlen a und b beliebige rationale Zahlen sein, mit Ausnahme der Zahl b = O bei der Division.

Das Rechnen mit Potenzen, Wurzeln und Logarithmen

Ebenso wie die fortgesetzte Addition mit demselben Summanden zu einer neuen Rechenart, der Multiplikation, führt, so führt auch das wiederholte Multiplizieren mit demselben Faktor zu einer neuen Rechenart, dem Potenzieren. Im Gegensatz zur Additon und Multiplikation existieren für diese Rechenart jedoch zwei Möglichkeiten der Umkehrung, nämlich das Radizieren oder Wurzelziehen und das Logarithmieren.

Das n-fache Produkt

$$\underbrace{a \cdot a \cdot \ldots \cdot a}_{n\text{-mal}}$$

heißt n-te Potenz von a und wird a^n geschrieben (lies: a hoch n oder n-te Potenz von a). Dabei nennt man a Basis und die Hochzahl n Exponent der Potenz. Der Exponent n ist eine natürliche Zahl.[*] Im Spezialfall n = 2 spricht man meistens von "a-Quadrat" statt "a hoch 2".

Das Potenzieren ist nicht wie die Addition und die Multipli-

---

[*] Diese Voraussetzung wird später auf beliebige (positive und negative) Zahlen erweitert.

kation kommutativ bezüglich der beteiligten Größen. Beispielsweise ist

$$3^2 = 9 \text{ und } 2^3 = 8.$$

Da man auch negative Zahlen wiederholt mit sich selbst multiplizieren kann, darf die Basis einer Potenz auch negativ
sein. Aufgrund der Vorzeichenregeln ergibt sich:

> Eine Potenz mit negativer Basis ist positiv bei ge-
> radem Exponenten und negativ bei ungeradem Exponenten.

Beispiele:

$$(-4)^2 = 16$$
$$(-4)^3 = -64$$
$$(-5)^2 = 25$$
$$(-5)^3 = -125$$

Aus der Definition der Potenz lassen sich sofort einige Regeln für die Multiplikation und Division von Potenzen ableiten.
Betrachten wir zunächst den Fall von Potenzen mit gleicher
Basis:

$a^n \cdot a^m = a^{n+m}$	Potenzen mit gleicher Basis wer-den multipliziert, indem die Ex-ponenten addiert werden.
$\dfrac{a^n}{a^m} = a^{n-m}$	Potenzen mit gleicher Basis wer-den dividiert, indem die Exponen-ten subtrahiert werden.

Bei der 2. Regel muß man zunächst voraussetzen, daß n größer
als m ist. Aber auch für den Fall, daß m der größere Exponent, also n-m negativ ist, läßt sich der Quotient $\dfrac{a^n}{a^m}$ trotz-
dem berechnen, denn der Zähler wird durch n-maliges Kürzen
1, und im Nenner bleiben m-n Faktoren a übrig, so daß man
$\dfrac{1}{a^{m-n}}$ erhält.

Aus diesem Grunde wird die Definition der Potenz entsprechend erweitert, wobei jedoch die bisherigen Rechenregeln
ihre Gültigkeit behalten. Man setzt

$$a^{-n} : = \frac{1}{a^n}$$

Nach demselben Prinzip wird die Potenz a^0 neu festgelegt. Sie entsteht beispielsweise aus

$$\frac{a^n}{a^n} = a^{n-n}$$

und muß den Wert 1 haben. Also wird definiert:

$$a^0 : = 1 \qquad (a \neq 0)$$

(a = 0, d.h. 0^0, wird ausgeschlossen.)

Ohne Schwierigkeiten läßt sich die "Potenz einer Potenz" definieren. Es ist beispielsweise

$$(5^3)^2 = (5 \cdot 5 \cdot 5) \cdot (5 \cdot 5 \cdot 5) = 5^6 = 5^{3 \cdot 2}$$

Allgemein gilt:

$$(a^m)^n = a^{m \cdot n} \qquad \text{Potenzen werden potenziert, indem die Exponenten multipliziert werden.}$$

Potenzen mit negativen Exponenten werden häufig bei physikalischen Maßeinheiten, etwa $gcm^{-3} = g/cm^3$ für die Dichte eines Körpers, verwendet. Zehnerpotenzen mit negativen Exponenten werden zur übersichtlichen Darstellung von sehr kleinen Zahlen gebraucht, auch bei Taschenrechnern. Z.B. kann die Zahl

$$0,0004795$$

dargestellt werden als

$$4,795 \cdot 10^{-4}.$$

Schließlich seien noch zwei einfache Regeln für den Fall der Multiplikation bzw. Division von <u>Potenzen mit verschiedenen Basen</u> und gleichen Exponenten angegeben:

$$a^n \cdot b^n = (ab)^n$$

$$\frac{a^n}{b^n} = (\frac{a}{b})^n$$

Allgemein ist bei der Rechenoperation des Potenzierens aus
der "Potenzgleichung"

$$a^n = b$$

bei bekannter Basis a und bekanntem Exponenten n der Wert
der Potenz b zu ermitteln. Dreht man nun die Fragestellung
um, und versucht aus der Potenzgleichung $a^n = b$ bei bekanntem n und $b \geq 0$ die Basis a zu bestimmen, ergibt sich eine
erste Umkehrung des Potenzierens, nämlich die Rechenoperation
des Radizierens. Man schreibt

$$a = \sqrt[n]{b} \qquad , a,b \geq 0 \qquad \text{(lies: a ist die n-te}$$
$$n=1,2,\ldots \qquad \text{Wurzel aus b)}$$

Die n-te Wurzel aus b ist also diejenige nicht negative Zahl a, deren n-te Potenz gerade b ergibt; b
heißt Radikand und darf nicht negativ sein.

Im Spezialfall n = 2 schreibt man statt $\sqrt[2]{b}$ gewöhnlich $\sqrt{b}$
und nennt sie "Quadratwurzel aus b".
Die n-te Wurzel aus b ist demnach die eindeutig bestimmte
nicht negative Lösung der Gleichung

$$x^n = b.$$

Damit diese Gleichung stets eine Lösung besitzt, muß allerdings das Zahlensystem der rationalen Zahlen erweitert werden, denn man kann leicht zeigen, daß z.B. die Lösung der
Gleichung

$$x^2 = 2,$$

nämlich $\sqrt{2}$, keine rationale Zahl ist, sich also nicht in der
Form $\frac{p}{q}$ (p,q ganzzahlig) darstellen läßt.
Auf der anderen Seite kann aber $\sqrt{2}$ durch eine Strecke repräsentiert werden, nämlich als Diagonale in einem Quadrat
der Länge 1,

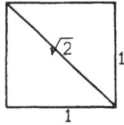

und deshalb entspricht $\sqrt{2}$ auch ein Punkt auf der Zahlengeraden. Man nennt solche Zahlen, die sich nicht als Brüche
bzw. periodisch unendliche Dezimalzahlen darstellen lassen,
irrationale Zahlen. Die irrationalen Zahlen bilden zusammen
mit den rationalen Zahlen die Menge der reellen Zahlen, die
gewöhnlich mit $\mathbb{R}$ bezeichnet wird.

Es besteht die Möglichkeit, die Wurzeln ebenfalls als Potenzen zu schreiben und zwar als Potenzen mit gebrochenem
Exponenten:

$$\sqrt[n]{a} := a^{\frac{1}{n}}$$

$$\sqrt[n]{a^m} := a^{\frac{m}{n}}$$
　　Man zieht die n-te Wurzel einer
　　Potenz, indem man den Exponenten
　　der Potenz durch n teilt.

Damit lassen sich alle Rechenregeln für Wurzeln auf die
Rechenregeln für Potenzen zurückführen. Beispielsweise ist

$$\sqrt{a}\sqrt{b} = a^{\frac{1}{2}} \cdot b^{\frac{1}{2}} = (ab)^{\frac{1}{2}} = \sqrt{ab}.$$

Die praktische Berechnung von Wurzeln wird, ebenso wie das
Berechnen von Potenzen, zweckmäßigerweise mit einem Taschen-
rechner ausgeführt, da diese Rechenoperationen heute auch
schon bei einfachen und billigen Geräten zur Verfügung stehen.

Beispiele:

$\sqrt{2} \approx 1,4142135$　　　　（$\approx$ bedeutet "ungefähr gleich")
$\sqrt{10} \approx 3,1622776$
$\sqrt{3} \cdot \sqrt{10} = \sqrt{30} \approx 5,4772255$
$\sqrt{5^3} = 5^{\frac{3}{2}} \approx 11,180339$
$\sqrt{16} = 4$
$\sqrt{0,8} \approx 0,8944271$

Eine zweite Umkehrung der Potenzbildung erhält man, wenn man
aus der Potenzgleichung

$$a^n = b$$

bei bekannter Basis a und bekanntem Potenzwert b den Exponenten n zu ermitteln versucht. Man schreibt

$$\boxed{n = \log_a b}$$ lies: n ist der Logarithmus von
b zur Basis a.

und nennt die zugehörige Rechenoperation Logarithmieren.

> Der Logarithmus einer Zahl b (b > 0) zur Basis a ist
> derjenige Exponent, mit dem die Basis a zu potenzie-
> ren ist, damit man die Zahl b erhält. b heißt Nume-
> rus und a die Basis des Logarithmus. Der Numerus
> darf nicht negativ sein!

Der Zusammenhang zwischen Potenzieren und Logarithmieren
wird durch die Beziehung

$$a^{\log_a b} = \log_a(a^b) = b$$

hergestellt, d.h. Logarithmieren und Potenzieren mit denselben Basen heben sich gegenseitig auf.

Aus

$$a^1 = a \quad \text{bzw.} \quad a^0 = 1$$

ergeben sich die beiden Sonderfälle

bzw.

> $\log_a a = 1$ Der Logarithmus der Basis ist immer 1.
>
> $\log_a 1 = 0$ Der Logarithmus von 1 ist bei jeder
> Basis gleich 0.

Gleichfalls aus den Regeln für das Rechnen mit Potenzen
lassen sich einfache Rechenregeln für Logarithmen ableiten:

$$\log_a (b \cdot c) = \log_a b + \log_a c$$

$$\log_a \frac{b}{c} = \log_a b - \log_a c$$

$$\log_a (b^n) = n \cdot \log_a b$$

Beispiele:

$\log_5 625 = 4$,   denn $5^4 = 625$

$\log_2 1024 = 10$, denn $2^{10} = 1024$

$\log_{0,25} 4 = -1$, denn $0,25^{-1} = \frac{1}{0,25} = 4$

$\log_{1000} 10 = \frac{1}{3}$, denn $1000^{\frac{1}{3}} = \sqrt[3]{1000} = 10$

$\log_5 (25^3) = 3 \cdot \log_5 25 = 3 \cdot 2 = 6$.

Die Gesamtheit aller Logarithmen zur Basis a (a > O) bilden
ein Logarithmensystem zur Basis a. Die drei wichtigsten Lo-
garithmensysteme sind:

    1. Das dekadische Logarithmensystem
          a = 10, Abkürzung: lg
    2. Das natürliche Logarithmensystem
          a = e = 2,718... (Euler'sche Zahl), Abkürzung: ln
    3. Das duale Logarithmensystem
          a = 2, Abkürzung: ld.

Das dekadische Logarithmensystem, unserem Zahlensystem entsprechend, diente früher häufig zur numerischen Berechnung
von komplizierten Rechenausdrücken. Dazu wurden sog. Loga-
rithmentafeln verwendet. Heute wird diese Aufgabe einfacher
und zeitsparender von elektronischen Taschenrechnern über-
nommen.

Das natürliche Logarithmensystem spielt eine große Rolle
in der höheren Mathematik, insbesondere als Umkehrfunktion
der Exponentialfunktion e^x mit der Euler'schen Zahl e als
Basis.

Das duale Logarithmensystem ist für die elektronische Daten-
verarbeitung von grundlegender Bedeutung.

> Radizieren, Potenzieren und Logarithmieren bilden
> Rechnungsarten der 3. Stufe. In zusammengesetzten
> Rechenausdrücken sind sie <u>vor</u> der Multiplikation und
> der Division auszuführen.

Die Logarithmen sind, ebenso wie die Wurzeln, im allgemeinen keine rationalen Zahlen, also nicht durch einen Quotienten $\frac{p}{q}$ (p,q ganzzahlig) darstellbar. Selbstverständlich
gibt es Ausnahmen, z.B. ist

$$\log_{10} 100 = 2,$$

jedoch mit Ausnahme der Potenzen von 10 gehören die deka-
dischen Logarithmen zu den irrationalen Zahlen.

Das Zahlensystem, in dem gewöhnlich gerechnet wird und das
für die meisten Fragestellungen der Sozialwissenschaften
völlig ausreicht, ist die Menge $\mathbb{R}$ der reellen Zahlen, welche alle rationalen und irrationalen Zahlen enthält. Der
Vollständigkeit halber sei noch festgestellt, daß sich auch
im Bereich der reellen Zahlen gewissen Gleichungen nicht
lösen lassen. So gibt es beispielsweise keine reelle Zahl x,
für die

$$x^2 = - 1$$

gilt. Diese Schwierigkeit wird durch die Einführung der
<u>komplexen Zahlen</u> behoben, auf deren Darstellung hier
jedoch verzichtet wird. Im Bereich der komplexen Zahlen
können dann auch Wurzeln aus negativen Radikanden und
Logarithmen mit negativen Numeri gebildet werden.

Schließlich wollen wir die wichtigsten Rechenregeln für
reelle Zahlen nochmals zusammenfassen. Je zwei reellen Zahlen a und b ist genau eine reelle Zahl a + b als <u>Summe</u> und
genau eine relle Zahl a·b als <u>Produkt</u> zugeordnet. Dabei
gelten die folgenden Grundgesetze:

	Addition	Multiplikation
Kommutatives Gesetz	$a + b = b + a$	$ab = ba$
Assoziatives Gesetz	$a + (b+c) = (a+b) + c$	$a(bc) = (ab)c$
Distributives Gesetz	$a(b+c) = ab + ac$	
	Für beliebige a,b aus $\mathbb{R}$ wird die Gleichung $$a + x = b$$ durch genau ein x aus $\mathbb{R}$ gelöst; man schreibt $$x = b - a$$ (eindeutige Subtraktion)	Für beliebige a,b aus $\mathbb{R}$ mit $a \neq 0$ wird die Gleichung $$a \cdot x = b$$ durch genau ein x aus $\mathbb{R}$ gelöst; man schreibt $$x = \frac{b}{a}$$ (eindeutige Division)

Beim Gesetz über die eindeutige Division ist die Voraussetzung $a \neq 0$ wesentlich; anderenfalls wäre das Gesetz falsch, denn die Gleichung

$$0 \cdot x = b$$

ist für den Fall $b = 0$ unendlich vieldeutig lösbar ($0 \cdot x = 0$ für alle x aus $\mathbb{R}$) und im Falle $b \neq 0$ ist die Gleichung unlösbar.

Zur Ordnungsstruktur der reellen Zahlen

Darüber hinaus besitzen die reellen Zahlen, wie auch bereits die natürlichen Zahlen, eine Ordnungstruktur, die einen Grössenvergleich zwischen reellen Zahlen erlaubt. Von zwei verschiedenen reellen Zahlen läßt sich immer entscheiden, welche Zahl die kleinere von beiden und welche Zahl die größere ist, sie stehen bezüglich der numerischen Größe in einer "Relation".

Man bezeichnet die Aussage "a ist kleiner als b" mit "$a < b$" und mit "$a \leq b$" die Aussage "a ist kleiner oder gleich b" ("a ist höchstens so groß wie b", "a ist nicht größer als b").

Man beachte, daß sowohl

$$12 \leq 19 \text{ als auch } 12 \leq 12$$

richtig ist.

In Analogie dazu wird die Aussage "a ist größer als b" mit
"a > b" bezeichnet und mit "a $\geq$ b" die Aussage "a ist größer oder gleich b" ("a ist mindestens so groß wie b", "a ist
nicht kleiner als b"). Es gilt beispielsweise

$$7 > 3 \text{ oder } 12 \geq 8,$$

aber auch

$$8 \geq 8.$$

Veranschaulicht man sich den Größenvergleich von reellen
Zahlen auf der Zahlengeraden, so liegt die kleinere Zahl
stets <u>links</u> von der größeren Zahl.

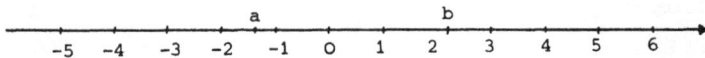

$$a < b$$

Man beachte, daß für negative Zahlen beispielsweise gilt

$$-6 < -3 \text{ oder } -100 < -50,$$

d.h. die rein zahlenmäßig größere Zahl ist, wenn beide Zahlen mit einem Minuszeichen versehen werden, dann die kleinere Zahl.

Für die Ordnungsstruktur der reellen Zahlen gelten die folgenden Gesetzmäßigkeiten:

> (1) Für zwei beliebige reelle Zahlen a und b gilt stets
>   genau eine der drei folgenden Beziehungen (Relati-
>   onen):
>
> $$a < b \text{ oder } a = b \text{ oder } a > b$$

> (2) Für a,b,c aus $\mathbb{R}$ folgt aus a < b und b < c stets a < c.

Diese Eigenschaft nennt man Transitivität. (Ist Peter kleiner als Paul und dieser wiederum kleiner als Hans, so muß auch Peter kleiner als Hans sein.)

> (3) Aus a < b folgt a + c < b + c für beliebiges c aus $\mathbb{R}$.

Der Größenvergleich zwischen a und b bleibt unverändert, wenn zu beiden Zahlen dieselbe Zahl addiert oder subtrahiert (c kann auch negativ sein!) wird. (Ist Peter kleiner als Paul, so gilt dies auch noch, wenn beide auf einem Tisch stehen.) Diese Eigenschaft heißt Monotoniegesetz der Addition.

> (4) Aus a < b folgt a · c < b · c für alle c aus $\mathbb{R}$ mit c > 0

Diese Eigenschaft heißt Monotoniegesetz der Multiplikation. Hier ist die Voraussetzung c > 0 wesentlich. Für negative c muß man das Ungleichheitszeichen umdrehen und es gilt:

> Aus a < b folgt a · c > b · c für c < 0

Insbesondere erhält man (c = -1 eingesetzt):

> Aus a < b folgt -a > -b.

Daraus ergibt sich die bereits früher erwähnte Tatsache, daß zwar z.B. 10 < 15 gilt, aber

$$-10 > -15.$$

Die Gesetze (2) bis (4) behalten ihre Gültigkeit, wenn man "<" durch "≤" (oder durch ">" bzw. "≥") ersetzt.

Die Eigenschaften (1) bis (4) der Ordnungsstruktur im Bereich der reellen Zahlen spielen neben der Operation der Addition in $\mathbb{R}$ in den Sozialwissenschaften eine wesentliche Rolle bei

der Messung und Skalierung von Merkmalen. Man vergleiche
hierzu Abschnitt 3.4.1.

Zum Schluß dieses Abschnitts wird noch kurz auf den Begriff
des <u>Absolutbetrages einer reellen Zahl</u> eingegangen.

Unter |a| (lies: a absolut oder Absolutbetrag von a)
versteht man den rein zahlenmäßigen Wert einer reellen Zahl <u>unabhängig</u> von ihrem Vorzeichen. Formal ist

$$|a| = \begin{cases} a & \text{falls } a \geq 0, \\ -a & \text{falls } a < 0, \end{cases} \quad a \text{ aus } \mathbb{R},$$

also die Zahl a selbst, wenn a $\geq$ 0 ist, und die Zahl
-a, wenn a < 0 ist.

Beispiele:

|3| = 3
|-5| = -(-5) = 5
|-20| = 20

Für das Rechnen mit Absolutbeträgen von reellen Zahlen gelten die folgenden Rechenregeln.

---

(1) |a| = 0 genau dann, wenn a = 0

Der Absolutbetrag einer Zahl ist nur dann 0, wenn die
Zahl selbst 0 ist.

---

(2) |-a| = |a|

Beispiel:

a = 3 $\rightarrow$ |a| = 3 und |-a| = 3
a = -6 $\rightarrow$ |a| = -(-6) = 6 und -a = 6, |a| = 6.

---

(3) a $\leq$ |a| und -a $\leq$ |a|

Jede reelle Zahl ist höchstens so groß wie ihr Absolutbe-
trag. Für positive Zahlen stimmen a und |a| überein, d.h.

a = |a|, für negatives a ist |a| der positive Wert von a,
d.h. a < |a|.

Beispiel:

a = -7 ➡ |a| = 7 und -7 < 7

$$(4) \quad |a \cdot b| = |a| \cdot |b|$$

Beispiel:

a = 1o, b = -3
|ab| = |10·(-3)| = |-30| = 30.
|a|·|b| = |10| · |-3| = 10 · 3 = 30

$$(5) \quad |\frac{1}{a}| = \frac{1}{|a|} \text{ für } a \neq 0$$

$$(6) \quad |a + b| \leq |a| + |b|$$

Diese Ungleichung wird als "Dreiecksungleichung" bezeichnet.

2.2 Lineare Gleichungen mit einer und zwei Unbekannten

Die Gleichung ist ein fundamentaler Begriff der Mathematik.
Werden zwei algebraische Ausdrücke durch ein Gleichheitszeichen verbunden, entsteht eine Gleichung. Man unterscheidet drei verschiedene Typen von Gleichungen:

Identische Gleichungen
Funktionsgleichungen
Bestimmungsgleichungen

Ein Beispiel für eine identische Gleichung ist

$$(a+b)^2 = a^2 + 2ab + b^2.$$

Sie gilt für beliebige Werte der Zahlensymbole a und b.
Identische Gleichungen stellen häufig nur algebraische Umformungen oder andere Schreibweisen dar.

Eine Funktionsgleichung enthält zwei oder mehr veränderliche Größen (Variablen), die einander zugeordnet werden. Ein Beispiel ist

$$y = x^2.$$

Hier dient die Gleichung als Zuordnungsvorschrift, d.h. jedem x-Wert wird genau ein y-Wert zugeordnet. Somit gilt eine Funktionsgleichung nur für bestimmte Zahlenpaare x und y, jedoch insgesamt für unendlich viele. Funktionsgleichungen sind Gegenstand der höheren Mathematik.

Dagegen stellt die Gleichung

$$(x-2)^2 = 16$$

eine Bestimmungsgleichung dar. Sie gilt nur für die beiden Werte x = 6 und x = -2. In einer Bestimmungsgleichung treten unbekannte Größen (Unbekannte) auf, und man hat die Aufgabe, diese Unbekannten rechnerisch zu bestimmen. Man hat die Gleichung nach der Unbekannten "aufzulösen". Allerdings kann eine Gleichung auch mehrere "Lösungen" oder "Wurzeln" besitzen oder kann unlösbar sein, d.h. überhaupt keine Lösung haben.

> Handelt es sich um eine Bestimmungsgleichung mit einer Unbekannten und kommt die Unbekannte nur in der ersten Potenz vor, spricht man von einer linearen Gleichung. Bei mehreren Gleichungen mit mehreren Unbekannten, die alle nur in der ersten Potenz vorkommen, spricht man von einem linearen Gleichungssystem.

Die Behandlung von linearen Gleichungen mit einer und zwei Unbekannten wird nun kurz erörtert. Lineare Gleichungssysteme mit mehr als zwei Unbekannten werden in einem späteren Abschnitt im Rahmen der "Matrizenrechnung" diskutiert. Man vergleiche dazu Kap. 6.

Zuerst wird der Fall einer Gleichung mit einer Unbekannten betrachtet. Man löst eine Bestimmungsgleichung mit einer Unbekannten nach folgender allgemeinen Regel:

> Durch geeignetes Umformen isoliert man die Unbekann-
> te auf der einen Seite der Gleichung und die reinen
> Zahlenwerte und bekannten Ausdrücke auf der anderen
> Seite der Gleichung.

Für die Umformung einer Gleichung gelten die folgenden Regeln:

> (1) Addiert oder subtrahiert man auf beiden Seiten
>   der Gleichung denselben Ausdruck, so bleibt die
>   Gleichung richtig.
> (2) Multipliziert oder dividiert man beide Seiten
>   der Gleichung mit demselben Faktor, so bleibt
>   die Gleichung richtig. Ausgenommen sind die Mul-
>   tiplikation mit 0 und die Division durch 0.
> (3) Entsprechendes gilt für Rechenoperationen höhe-
>   rer Stufen, etwa logarithmieren, radizieren
>   oder potenzieren.
> (4) Eine Gleichung bleibt richtig, wenn man beide
>   Seiten der Gleichung vertauscht.

Die Umformungsregeln lassen sich folgendermaßen zusammenfassen:

> Eine Gleichung bleibt gültig, wenn man auf beiden
> Seiten der Gleichung mit denselben Ausdrücken glei-
> che Rechenoperationen durchführt.

Ob das ermittelte Ergebnis auch tatsächlich eine Lösung
der Gleichung darstellt, zeigt die Probe durch Einsetzen
des errechneten Werts für die Unbekannte in beide Seiten
der Ausgangsgleichung.

Beispiele:

1. $29x - 19 = 5x + 17$ /   Subtraktion von 5x
     $-5x$ $-5x$
     _____

     $24x - 19 = 0 + 17$ /   Addition von +19
          $+ 19$ $+ 19$
     _____

$$24x = 36 \qquad / \qquad \text{Division durch 24}$$
$$x = \frac{3}{2} = 1,5$$

<u>Probe:</u> Linke Seite: $29 \cdot \dfrac{3}{2} - 19 = \dfrac{87}{2} - \dfrac{38}{2} = \dfrac{49}{2}$

Rechte Seite: $5 \cdot \dfrac{3}{2} + 17 = \dfrac{15}{2} + \dfrac{34}{2} = \dfrac{49}{2}$

2. $\dfrac{3x+5}{12} - \dfrac{2x-3}{6} = 1 + \dfrac{2x-5}{18}$ / Multiplikation mit 36
(damit die Brüche verschwinden)

$3(3x+5) - 6(2x-3) = 36 + 2(2x-5)$ / Ausmultiplizieren der Klammern

$9x + 15 - 12x + 18 = 36 + 4x - 10$ / Zusammenfassen

$- 3x + 33 = 4x + 26$ / Subtraktion von 4x

$- 7x + 33 = 26$ / Subtraktion von 33

$- 7x = -7$ / Multiplikation mit -1

$7x = 7$ / Division durch 7

$\underline{x = 1}$

<u>Probe:</u> Linke Seite: $\dfrac{3 \cdot 1+5}{12} - \dfrac{2 \cdot 1-3}{6} = \dfrac{8}{12} - \dfrac{-1}{6} = \dfrac{8}{12} + \dfrac{2}{12} = \dfrac{10}{12} = \dfrac{5}{6}$

Rechte Seite: $1 + \dfrac{2 \cdot 1-5}{18} = 1 + \dfrac{-3}{18} = 1 - \dfrac{1}{6} = \dfrac{5}{6}$

<u>Zwei Gleichungen mit zwei Unbekannten</u>

Die Unbekannten werden in der Regel mit

$$x \text{ und } y \text{ oder } x_1 \text{ und } x_2$$

bezeichnet, aber auch andere Bezeichnungsweisen sind zulässig.

<u>Beispiel:</u>

I $3x + 7y = 19$
II $2x - y = 7$

Die verschiedenen Lösungsmethoden für zwei lineare
Gleichungen mit zwei Unbekannten beruhen darauf, daß
man eine der Unbekannten eliminiert und gleichzeitig
die Anzahl der Gleichungen reduziert, so daß nur noch
eine Gleichung mit einer Unbekannten übrig bleibt,
die dann mit Hilfe der Methoden des letzten Abschnitts
gelöst werden kann.

Die beiden wichtigsten Prinzipien zur Reduktion der Gleichungen (und Unbekannten) sind:

Man löst eine der Gleichungen nach einer Unbekannten
auf und setzt das Resultat in die andere Gleichung
ein. Diese Gleichung enthält dann nur noch eine Unbekannte (Substitutionsmethode)

Durch Multiplikation jeder der Gleichungen mit einer
passenden Zahl (Erweiterungsfaktor) läßt sich stets
erreichen, daß die Koeffizienten von x oder y dem
Betrage nach gleich sind. Beim Addieren oder Subtra-
hieren der Gleichungen verschwindet dann eine Unbekannte (Eliminationsmethode)

<u>Beispiel zur Substitionsmethode:</u>

$$I \quad 3x + 7y = 19$$
$$II \quad 2x - y = 7$$

$$\text{aus II:} \quad -y = 7 - 2x \quad | \cdot (-1)$$
$$(*) \quad y = -7 + 2x$$

$$\text{in I:} \quad 3x + 7(-7+2x) = 19$$
$$3x - 49 + 14x = 19$$
$$-49 + 17x = 19$$
$$17x = 68$$
$$\underline{x = 4}$$

$$x = 4 \text{ in } (*) \text{ einsetzen:}$$

$$y = -7 + 2 \cdot 4 \quad \Rightarrow \quad \underline{y = 1}$$

Beispiel zur Eliminationsmethode:

$$\text{I} \quad 3x + 7y = 19$$
$$\text{II} \quad 2x - y = 7$$

Multiplikation der Gleichung II mit 7 ergibt:

$$\text{II} \quad 14x - 7y = 49$$

Addition von I und der neuen Gleichung II:

$$17x = 68$$
$$x = 4$$

Ergebnis in I eingesetzt:

$$3 \cdot 4 + 7y = 19$$
$$12 + 7y = 19$$
$$7y = 7$$
$$y = 1$$

Welche der Lösungsmethoden bei einem gegebenen Gleichungssystem zu verwenden ist, hängt von den Ausgangsgleichungen
ab. Ein allgemeingültiges Rezept, in welchem Fall dieses
oder jenes Verfahren am vorteilhaftesten ist, kann nicht
gegeben werden.

Es besteht auch die Möglichkeit, daß ein lineares Gleichungssystem unendlich viele Lösungen besitzt oder aber auch überhaupt keine Lösung besitzt. Wann dies der Fall ist, wird
in Kapitel 6 ausführlich erörtert.

Prinzipiell lassen sich die beschriebenen Verfahren auch
bei linearen Gleichungssystemen mit mehr als zwei Gleichungen anwenden. Man versucht, sukzessive die Zahl der Gleichungen und Unbekannten durch Einsetzen oder Eliminieren zu
reduzieren, bis schließlich nur noch eine Gleichung mit einer
Unbekannten übrig bleibt. Bei zunehmender Zahl der Gleichungen steigt allerdings der Rechenaufwand schnell an. Deshalb
wurden im Rahmen der Matrizenrechnung bzw. Linearen Algebra wirksame Algorithmen entwickelt, die in den Abschnitten
6.1 und 6.2 ausführlich behandelt werden.

2.3 Quadratische Gleichungen

Die quadratische Gleichung besitzt die allgemeine Form

$$ax^2 + bx + c = 0.$$

Dabei sind a,b und c reelle Zahlen, wobei a $\neq$ 0 vorausgesetzt wird, da es sich sonst um keine echte quadratische
Gleichung handelt. Liegt die quadratische Gleichung noch
nicht in obiger Form vor, so kann sie durch Umformungen
nach den Regeln des letzten Abschnitts stets auf diese
Form gebracht werden.

Die allgemeine Lösungsformel lautet:

$$x_{1,2} = \frac{-b \pm \sqrt{b^2 - 4ac}}{2a} \; .$$

Bei der Anwendung dieser Lösungsformel sind drei Fälle zu
unterscheiden:

1. Fall:

$$b^2 - 4ac > 0$$

In diesem Fall besitzt die quadratische Gleichung <u>zwei</u> verschiedene Lösungen, nämlich

$$x_1 = \frac{-b + \sqrt{b^2 - 4ac}}{2a} \quad \text{und} \quad x_2 = \frac{-b - \sqrt{b^2 - 4ac}}{2a}$$

2. Fall:

$$b^2 - 4ac = 0$$

In diesem Fall besitzt die quadratische Gleichung nur <u>eine</u>
Lösung, nämlich

$$x = -\frac{b}{2a} \; .$$

3. Fall:

$$b^2 - 4ac < 0$$

In diesem Fall besitzt die quadratische Gleichung im Bereich der reellen Zahlen <u>keine</u> Lösung.

Beispiele:

1) $6x^2 - 17x + 10 = 0$

$$x_{1,2} = \frac{17 \pm \sqrt{17^2 - 4 \cdot 6 \cdot 10}}{12}$$

$17^2 - 4 \cdot 6 \cdot 10 = 49$, also

$$x_1 = \frac{17 + \sqrt{49}}{12} = 2 \quad \text{und} \quad x_2 = \frac{17 - \sqrt{49}}{12} = \frac{5}{6}$$

2) $9x^2 + 15x + 32 = 7 - 15x$

Umformen ergibt:

$$9x^2 + 30x + 25 = 0$$

$$x_{1,2} = \frac{-30 \pm \sqrt{30^2 - 4 \cdot 9 \cdot 25}}{18}$$

$30^2 - 4 \cdot 9 \cdot 25 = 0$, demnach existiert nur eine Lösung

$$x = -\frac{30}{18} = -\frac{5}{3}.$$

3) $6x^2 - 17x + 15 = 0$

$$x_{1,2} = \frac{17 \pm \sqrt{17^2 - 4 \cdot 6 \cdot 15}}{12}$$

$17^2 - 4 \cdot 6 \cdot 15 = 289 - 360 = -71$, also existiert
keine reelle Lösung.

2.4 Das Rechnen mit dem Summenzeichen

$a_1, a_2, \ldots, a_i, \ldots, a_n$ seien reelle Zahlen, man schreibt etwas kürzer: a_i aus $\mathbb{R}$, $i = 1, \ldots, n$. Dann wird definiert:

$$\sum_{i=1}^{n} a_i := a_1 + a_2 + \ldots + a_n$$

(man liest: "Summe über a_i von $i = 1$ bis n"). Manchmal liegt auch der allgemeinere Fall ($0 \le k \le l \le n$)

$$\sum_{i=k}^{l} a_i := a_k + a_{k+1} + \ldots + a_l$$

vor.

Der Index i heißt <u>Summationsindex</u>, seine Benennung hat keine Bedeutung: statt $\sum_{i=k}^{l} a_i$ kann man ebenso $\sum_{j=k}^{l} a_j$ schreiben.

k nennt man <u>untere</u>, l <u>obere Summationsgrenze</u>.

Die Einführung des griechischen Buchstabens Σ für eine Summe von Zahlen bzw. Zahlensymbolen bedeutet also lediglich eine <u>abkürzende Schreibweise</u>. Im Fall

$$\sum_{i=1}^{n} a_i$$

handelt es sich um eine Summe von n <u>Summanden</u>, die mit $a_1, a_2, \ldots, a_n$ bezeichnet sind. Man gelangt von der symbolischen Schreibweise zur ausführlichen Schreibweise, indem man den Summationsindex alle natürlichen Zahlen von der unteren bis zur oberen Summationsgrenze durchlaufen läßt und die Summanden nacheinander hinschreibt.

<u>Beispiele:</u>

1) $\displaystyle\sum_{i=1}^{4} a_i = a_1 + a_2 + a_3 + a_4$

2) Setzt man für die Summanden

$$a_i = i,$$

ergibt sich

$$\sum_{i=1}^{4} i = 1 + 2 + 3 + 4 = 1o$$

3) Für $a_i = i^2$ erhält man

$$\sum_{i=1}^{4} i^2 = 1 + 4 + 9 + 16 = 30$$

4) Für $a_i = a$ resultiert

$$\sum_{i=1}^{n} a_i = \sum_{i=1}^{n} a = \underbrace{a + a + \ldots + a}_{n\text{-mal}} = na$$

5) $$\sum_{i=3}^{5} a_i = a_3 + a_4 + a_5$$

6) $$\sum_{i=3}^{5} i = 3 + 4 + 5 = 12$$

Seien die reellen Zahl a_{ij}, $i = 1,\ldots,n$, $j = 1,\ldots,r$ gegeben. Die Summe

$$\sum_{i=1}^{n} \sum_{j=1}^{r} a_{ij} = \underbrace{\sum_{j=1}^{r} a_{1j} + \ldots + \sum_{j=1}^{r} a_{nj}}_{n \text{ Summanden}} = \underbrace{\sum_{i=1}^{n} a_{i1} + \ldots + \sum_{i=1}^{n} a_{ir}}_{r \text{ Summanden}}$$

bezeichnet man als <u>Doppelsumme</u>.

<u>Beispiel:</u>

Für eine gezielte Planung und Durchführung von Maßnahmen zur Unfallverhütung und Sicherheitserziehung werden von den Trägern der gesetzlichen Schülerunfallversicherung im Rahmen der Unfallanzeigen jährlich auf Stichprobenbasis Daten zum Unfallgeschehen in Schulen und Kindergärten erhoben. Aus den "Kopfverletzungen" bei Kindergarten-Unfällen des

Jahres 1978 wurden die Merkmale "Alter" und "Geschlecht"
ausgewählt und eine zweidimensionale Häufigkeitstabelle
entworfen.

Geschlecht \ Alter	drei/vier	fünf	sechs		
männlich	a_{11}	a_{12}	a_{13}	$\sum\limits_{j=1}^{3} a_{1j}$	Häufigkeit der "Kopfverletzungen" bei Jungen
weiblich	a_{21}	a_{22}	a_{23}	$\sum\limits_{j=1}^{3} a_{2j}$	Häufigkeit der "Kopfverletzungen" bei Mädchen
	$\sum\limits_{i=1}^{2} a_{i1}$	$\sum\limits_{i=1}^{2} a_{i2}$	$\sum\limits_{i=1}^{2} a_{i3}$	$\sum\limits_{i=1}^{2}\sum\limits_{j=1}^{3} a_{ij}$	
	Häufigkeiten der "Kopfverletzungen" pro Altersstufe			Gesamthäufigkeit	

Für das Rechnen mit Summen gelten die folgenden Regeln:

$$(1)\quad \sum_{i=1}^{n} a_i = \sum_{i=1}^{l} a_i + \sum_{i=l+1}^{n} a_i \qquad \text{für } 1 \le l \le n-1$$

$$(2)\quad \sum_{i=1}^{n} c \cdot a_i = c \cdot \sum_{i=1}^{n} a_i \qquad \text{für alle } c \text{ aus } \mathbb{R}$$

$$(3)\quad \sum_{i=1}^{n} (a_i \pm b_i) = \sum_{i=1}^{n} a_i \pm \sum_{i=1}^{n} b_i$$

Für Doppelsummen gelten analoge Regeln:
Insbesondere ist

$$\sum_{i=1}^{n} \sum_{j=1}^{r} a_{ij} = \sum_{j=1}^{r} \sum_{i=1}^{n} a_{ij},$$

d.h. es ist gleichgültig, ob zuerst über den Summationsindex i oder über den Summationsindex j summiert wird.

2.5 Der Binomische Lehrsatz

Eine in der Mathematik, insbesondere auch für deren Anwendungen in den Sozialwissenschaften, wichtige Formel liefert
der Binomische Lehrsatz, dessen Spezialfälle wie z.B.

$$(a+b)^2 = a^2 + 2ab + b^2$$

bereits aus der Schule wohlbekannt sind.

Zu seiner allgemeinen Formulierung benötigt man sog. Bino-
mialkoeffizienten.

(a) Für eine natürliche Zahl m erklärt man

   $m! := 1 \cdot 2 \cdot 3 \cdots m$ und setzt $0! := 1$

   ($m!$ liest man m Fakultät).

(b) Für zwei natürliche Zahlen k und n (mit $k \leq n$)
    erklärt man den Binomialkoeffizienten

$$\binom{n}{k} = \frac{n!}{k!\,(n-k)!}$$

   ($\binom{n}{k}$ liest man "n über k")

Beispiele:

$1! = 1$

$2! = 2$

$3! = 6$

$4! = 24$

$5! = 120$

$6! = 720$

$$\binom{5}{3} = \frac{5!}{3!\,2!} = \frac{1 \cdot 2 \cdot 3 \cdot 4 \cdot 5}{1 \cdot 2 \cdot 3 \; 1 \cdot 2} = 10.$$

$$\binom{6}{2} = \frac{6!}{2!\,4!} = \frac{1 \cdot 2 \cdot 3 \cdot 4 \cdot 5 \cdot 6}{1 \cdot 2 \cdot 1 \cdot 2 \cdot 3 \cdot 4} = 15.$$

$$\binom{n}{0} = \binom{n}{n} = 1.$$

Die Fakultäten sind grundlegende Elemente der "Kombinato-
rik" und sind insbesondere in der Wahrscheinlichtkeitstheo-
rie für die explizite Berechnung von Wahrscheinlichkeiten
von Bedeutung.

Der Binomische Lehrsatz lautet:

$$(a+b)^n = \sum_{k=o}^{n} \binom{n}{k} a^{n-k} b^k$$

für beliebige reelle Zahlen a und b sowie n aus $\mathbb{N}$.

Beispiele:

1) $(a+b)^3 = \binom{3}{o} a^3 b^o + \binom{3}{1} a^2 b^1 + \binom{3}{2} a^1 b^2 + \binom{3}{3} a^o b^3 =$

$$= a^3 + 3a^2 b + 3ab^2 + b^3.$$

2) $(a-b)^4 = (a+(-b))^4 = \binom{4}{o} a^4 (-b)^o + \binom{4}{1} a^3 (-b)^1 + \binom{4}{2} a^2 (-b)^2 +$

$$\binom{4}{3} a^1 (-b)^3 + \binom{4}{4} a^o (-b)^4 =$$

$$= a^4 - 4a^3 b + 6a^2 b - 4ab^3 + b^4.$$

Weiterführende Literatur:

Knerr (1973), Kreul u.a. (1970)

3. Kapitel: Mengen und Strukturen

3.1 Grundlagen der mathematischen Logik

Aus dem umfangreichen, in Zielsetzungen und Resultaten stark
expandierenden Gebiet der mathematischen Logik werden hier
lediglich einige Grundbegriffe der Aussagenlogik skizziert.
Unter Aussagen versteht man sprachliche Formulierungen und
Sätze, für die es sinnvoll ist zu fragen, ob sie wahr oder
falsch sind.[*] Man legt das <u>Zweiwertigkeitsprinzip</u> zugrunde,
nach dem eine Aussage stets entweder wahr oder falsch, und
eine dritte Möglichkeit ausgeschlossen ist.

So sind die Ankündigung "Morgen werde ich Tennis spielen",
der Wunschsatz "Ich möchte gern zu einem anderen Planeten
fliegen", der Befehlssatz "Geh nach Hause!" keine Aussage-
sätze im Sinne der mathematischen Logik.

<u>Beispiele für Aussagen:</u>

Alle Menschen sind sterblich.
9 ist eine gerade Zahl.
Herr A ist älter als Herr B.
Herr A wohnt in München.
Die Erde hat drei Monde.
Deutschland gewann das Finale der Fußball-Europameister-
schaft 1980.
Herr A ist Vater von Herrn C.
Es gibt keine gerade Primzahl.

> Aussagen beschreiben Sachverhalte, die zutreffen
> können oder nicht. Trifft der beschriebene Sachver-
> halt zu, handelt es sich um eine Tatsache und die
> zugehörige Aussage erhält den Wahrheitswert "Wahr
> (w)"; anderenfalls erhält sie den Wahrheitswert
> "Falsch (f)".

---

[*] Diese Definition geht auf Aristoteles zurück.

Für die Ableitung von Gesetzen im Bereich der Aussagenlogik
ist die Verbindung von mehreren Aussagen von Bedeutung.
Solche Verbindungen oder Verknüpfungen zu größeren Satzge-
fügen werden umgangssprachlich z.B. durch Worte wie "und",
"oder", "entweder ... oder", "weder ... noch", bewirkt. Hier
werden sie mit Hilfe logischer Symbole, den <u>logischen Kon-
stanten</u> oder <u>logischen Operatoren</u>, erklärt.

Im folgenden werden Aussagen formal mit lateinischen Klein-
buchstaben p,q,... bezeichnet.

Konjunktion und Disjunktion

Die beiden Aussagen p: "Herr A ist Vater von Herrn C" und
q: "Herr A wohnt in München" lassen sich zu einer neuen
Aussage verbinden. Die zusammengesetzte Aussage entsteht
durch Verknüpfung der beiden Teilaussagen und lautet: "Herr
A ist Vater von Herrn C und wohnt in München." Man bezeichnet die zusammengesetzte Aussage "p und q" als <u>Konjunktion</u>
der Aussagen p und q. Allgemein wird definiert:

(3.1) <u>Definition</u>

p und q bezeichnen zwei Aussagen.
Dann wird die Aussage "p und q" (sowohl p als auch q) als
<u>Konjunktion</u> von p und q bezeichnet und das Symbol $p \land q$
verwendet.

Der Wahrheitswert der zusammengesetzten Aussage hängt von
den Wahrheitswerten der Teilaussagen ab.

> Die Konjunktion $p \land q$ ist wahr, wenn beide Teilaussa-
> gen p und q gleichzeitig wahr sind. Sie ist falsch,
> wenn mindestens eine der beiden Teilaussagen falsch
> ist.

Der Wahrheitswert einer zusammengesetzten Aussage läßt sich
anhand einer <u>Wahrheitstafel</u> in anschaulicher Weise ver-
deutlichen. In der Wahrheitstafel werden für die Teilaussagen alle möglichen Wahrheitswerte eingetragen und jeweils
für die zusammengesetzte Aussage der zugehörige Wahrheitswert ermittelt. Für die Konjunktion erhält man

p	q	p ∧ q
w	w	w
w	f	f
f	w	f
f	f	f

Bei einer weiteren Verknüpfung, der <u>Disjunktion</u>, werden die
Teilaussagen p und q durch "oder" verbunden. Die beiden
Aussagen p: "Die Lösungswahrscheinlichkeit von psychologischen Testaufgaben erhöht sich mit zunehmender Fähigkeit
der Probanden" und q: "Die Lösungswahrscheinlichkeit von
psychologischen Testaufgaben erhöht sich mit abnehmendem
Schwierigkeitsgrad der Aufgaben" können zur zusammengesetzten Aussage "Die Lösungswahrscheinlichkeit von psychologischen Testaufgaben erhöht sich bei zunehmender Fähigkeit
der Probanden <u>oder</u> mit abnehmendem Schwierigkeitsgrad der
Aufgaben" verknüpft werden. Die Erhöhung der Lösungswahrscheinlichkeit wird durch steigende Fähigkeit der Probanden oder durch abnehmende Schwierigkeit der Aufgaben - aber
auch wenn beides zutrifft - bewirkt.

(3.2) <u>Definition</u>

p und q bezeichnen zwei Aussagen.
Dann wird die Aussage "p oder q" (entweder p oder q oder
beide) als <u>Disjunktion</u> von p und q bezeichnet und das Symbol p ∨ q verwendet.

Man beachte, daß das "oder" der Disjunktion nicht im Sinne
eines ausschließenden "oder" gebraucht wird wie in der Formulierung: "Entweder heirate ich meine Freundin Barbara
oder ich bleibe Junggeselle", bei der sich die beiden Teilaussagen gegenseitig ausschließen.

Der Wahrheitswert der Disjunktion p ∨ q hängt wieder von
den Wahrheitswerten der Teilaussagen ab.

Die Disjunktion p ∨ q ist immer dann wahr, wenn mindestens eine der beiden Teilaussagen p und q wahr ist.

Man erhält die folgende Wahrheitstafel:

p	q	p ∨ q
w	w	w
w	f	w
f	w	w
f	f	f

Negation

(3.3) Definition

Sei p eine Aussage.
Dann wird die Aussage "nicht p" als Negation bezeichnet
und das Symbol ⌐p verwendet.

Da eine Aussage nicht gleichzeitig wahr und falsch sein
kann, ergibt sich die Wahrheitstafel

p	⌐p
w	f
f	w

Sprachlich wird die Negation einer Aussage im allgemeinen
durch das Wort "nicht" ausgedrückt. Steht p beispielsweise
für "Herr A ist verwandt mit Herrn C", dann bedeutet ⌐p
"Herr A ist nicht verwandt mit Herrn C".

Implikation und Äquivalenz

Bei der Aussage "Wenn ich Psychologie studiere, dann muß
ich dieses Mathematikbuch durcharbeiten" werden die beiden
Teilaussagen "Ich studiere Psychologie" und "Ich muß dieses
Mathematikbuch durcharbeiten" durch die sprachliche Wendung
"wenn ... dann" verknüpft. Hier handelt es sich ebenfalls
um einen logischen Operator, nämlich die Implikation.

(3.4) Definition

Seien p und q zwei Aussagen.

Dann wird die Aussage "wenn p dann q" als <u>Implikation</u> bezeichnet und das Symbol p ⇒ q verwendet.

Bei der Implikation p ⇒ q wird die Aussage p als Voraussetzung (Prämisse) bezeichnet, die Aussage q heißt Folgerung (Konklusion).

Andere Sprechweisen für p ⇒ q sind:

> aus p folgt q,
> p ist hinreichend für q,
> q ist eine notwendige Bedingung für p.

Inhaltlich bedeutet dies:

> wenn p richtig ist, dann auch q.

Die Implikation p ⇒ q ist nur dann falsch, wenn aus
einer wahren Prämisse eine falsche Folgerung gezogen wird. In allen anderen Fällen ist sie wahr.

Für die Implikation ergibt sich folgende Wahrheitstafel:

p	q	p ⇒ q
w	w	w
w	f	f
f	w	w
f	f	w

In manchen Fällen gilt die Implikation in beiden Richtun-
gen. Dann sind die beiden Aussagen p und q gleichwertig
oder äquivalent.

(3.5) <u>Definition</u>

Seien p und q zwei Aussagen.
Dann wird die Aussage "(p ⇒ q) ∧ (q ⇒ p)" als <u>Äquivalenz</u>
bezeichnet und das Symbol p ⇔ q verwendet.

Andere Sprechweisen für "p ⟷ q" sind:

> p ist äquivalent mit q,
> p ist notwendig und hinreichend für q,
> p genau dann, wenn q,
> p dann und nur dann, wenn q.

Inhaltlich bedeutet dies:

> wenn p richtig ist, so auch q und umgekehrt.

Der Wahrheitswert der Äquivalenz p ⟷ q läßt sich aus den Wahrheitswerten von Implikation und Konjunktion ableiten. Es ergibt sich die folgende Wahrheitstafel:

p	q	p ⟶ q	q ⟶ p	p ⟷ q = (p ⟶ q) ∧ (q ⟶ p)
w	w	w	w	w
w	f	f	w	f
f	w	w	f	f
f	f	w	w	w

Weitere Beispiele für Implikation und Äquivalenz sind:

(a) Erhöht sich die Lärmbeeinflussung am Arbeitsplatz, dann sinkt die Arbeitsleistung.

(b) Die Lösungswahrscheinlichkeit für Testaufgabe a ist genau dann größer als die Lösungswahrscheinlichkeit für Testaufgabe b, wenn die Testaufgabe b schwieriger ist als Testaufgabe a.

Durch logische Operatoren wie z.B. Disjunktion und Konjunktion können auch mehr als zwei Aussagen miteinander verbunden werden. Der Wahrheitswert solcher komplexen Aussagen kann wieder mit Hilfe einer Wahrheitstabelle ermittelt werden. Auf Details zu solchen mehrfach zusammengesetzten Aussagen wird hier nicht eingegangen.

Unter einer Aussageform versteht man in der mathematischen Logik eine sprachliche Formulierung, die mindestens eine

Variable enthält, derart, daß für gewisse "Werte" der
Variablen eine Aussage entsteht.

Beispiele:

        x ist ein Planet
        x > 5
        5 + x = 11

In der Aussagenlogik unterscheidet man zwischen <u>logisch
wahren</u> und <u>faktisch wahren</u> Sätzen. Ist der Wahrheitswert
einer Aussage in allen logisch möglichen Fällen "Wahr",
spricht man von einem logisch wahren Satz oder einer <u>Tau-
tologie</u>. Analoges gilt für einen logisch falschen Satz oder
eine <u>Kontradiktion</u>. Eine Kontradiktion besitzt in allen
logisch möglichen Fällen den Wahrheitswert "Falsch".

Ein Beispiel für eine Tautologie ist der sog. "Satz vom
ausgeschlossenen Dritten" p ∨ ⌐p ("p" oder "nicht p").

Für diese spezielle Disjunktion ergibt sich die folgende
Wahrheitstafel:

p	⌐p	p ∨ ⌐p
w	f	w
f	w	w

Da eine Aussage p und ihre Negation ⌐p nicht denselben
Wahrheitswert besitzen können, ist die Wahrheitstafel gegenüber der gewöhnlichen Wahrheitstafel für die Disjunktion
verkürzt. Demnach ist die Aussage p ∨ ⌐p in allen logisch
möglichen Fällen, unabhängig vom Wahrheitswert ihrer einzelnen Bestandteile, immer wahr.

In der Umgangssprache treten Tautologien häufig durch Wiederholungen von Definitionsmerkmalen auf, wie z.B.

          "Alle Schimmel sind weiß"
oder   "Junggesellen sind unverheiratet".

Davon abzugrenzen sind <u>Pleonasmen</u>. Darunter versteht man
überflüssige Verdoppelungen, wie z.B.

"Er ritt auf einem weißen Schimmel".

Handelt es sich bei einer Aussage weder um eine Tautologie
noch um eine Kontradiktion, so besitzt diese Aussage nicht
in allen logisch möglichen Fällen den Wahrheitswert "Wahr"
und nicht in allen logisch möglichen Fällen den Wahrheitswert "Falsch". In einer solchen Situation ist zu überprüfen, ob der Sachverhalt, der durch die Aussage beschrieben
wird, zutrifft oder nicht. Entspricht der Sachverhalt den
Tatsachen, spricht man von einem faktisch wahren Satz, anderenfalls von einem faktisch falschen Satz.

In anderen Teilgebieten der mathematischen Logik, etwa der
<u>Prädikatenlogik</u>, werden neben den in Def. (3.1) bis (3.5)
eingeführten logischen Konstanten noch weitere eingeführt,
beispielsweise die Operatoren "es gibt (es existiert)" und
"für alle". Diese sog. <u>Quantoren</u> grenzen den Geltungsbe-
reich von Aussagen ab und finden insbesondere bei mathematischen Aussagen Verwendung. So gilt beispielsweise die
Beziehung

$$(a+b)^2 = a^2 + 2ab + b^2$$

<u>für alle</u> Zahlen a und b, die Beziehung

$$x^2 - 3x + 2 = 0$$

gilt lediglich <u>für bestimmte x</u>, nämlich für x = 1 und
x = 2, und schließlich sind die beiden Gleichungen

$$2x + y = 1 \wedge 4x + 2y = 3$$

<u>für keine</u> Zahlen x und y erfüllt.

Die Interpretation von "es gibt" lautet: "Es gibt mindestens ein Element aus der betrachteten Menge (mit der in
Frage stehenden Eigenschaft)", die Interpretation des Quan-
tors "für alle" lautet: "Für alle Elemente der betrachteten Menge (gilt die in Frage stehende Eigenschaft)".

Besonders wichtige Aussagen in der Mathematik sind die
Definitionen, die Axiome und die Sätze (Theoreme, Gesetze).

> Definitionen sind Aussagen, die der Klärung und Ab-
> grenzung von Begriffen dienen. Oft beinhalten Defi-
> nitionen auch nur abkürzende Schreibweisen.

> Axiome sind Forderungen an bestimmte "Dinge" (= Ob-
> jekte einer Theorie), die gewisse Grundeigenschaf-
> ten und Grundannahmen über die Objekte der Theorie
> festlegen.

Dabei hat sich die inhaltliche Bedeutung des Begriffs
"Axiom" im Laufe der Zeit etwas gewandelt. Zur Zeit der
griechischen Mathematiker um Euklid bedeutete ein Axiom
eine selbstverständliche Grundtatsache, wie beispielsweise
"Gleiches zu Gleichem addiert ergibt Gleiches", "das Ganze
ist größer als sein Teil" oder "sind zwei Größen einer
dritten gleich, so sind sie auch einander gleich". Axiome
waren universelle Feststellungen und wurden nicht in Frage
gestellt. Daneben wurden Axiome, vor allem in der Geome-
trie, auch als Postulate verwendet. Diese allgemeinere
Verwendung von Axiomen als Postulate oder Grundannahmen
wurde in letzter Zeit in der Mathematik und in den Naturwissenschaften in zunehmendem Maße bevorzugt, insbesondere seit der Entwicklung der nichteuklidischen Geometrien.
Somit können Axiome auch verletzt sein bzw. negiert werden,
ohne daß dies zu einem Widerspruch führt. Diese Auffassung
von Axiomen als Grundannahmen oder Prämissen hat sich heute
weitgehend durchgesetzt.

> Sätze (Theoreme, Gesetze) schließlich sind Aussagen,
> die durch Schlußfolgerungen nach den Regeln der mathe-
> matischen Logik aus Definitionen, Axiomen und/oder be-
> reits bewiesenen Sätzen gewonnen werden.

Axiome und Definitionen bedürfen keines Beweises, Sätze
(Theoreme) müssen aus den Axiomen, Definitionen und/oder
schon bewiesenen Sätzen abgeleitet werden.

> Ein Beweis ist eine Ableitung von Folgesätzen, also
> Transformationen von vorgegebenen Aussagen, so daß aus
> wahren Prämissen stets wahre Folgesätze bzw. Konklu-
> sionen folgen.

Die Vorgehensweise im Beweis hängt von der im Satz bzw.
Theorem formulierten Aussage ab. Enthält beispielsweise der
Satz eine <u>All-Aussage</u>, d.h. für alle Elemente einer vorher
definierten Menge soll die Aussage richtig sein (sie steht
in Verbindung mit dem Quantor "für alle"), so ist keineswegs ausreichend, die Richtigkeit der Aussage anhand eines
speziellen Zahlenbeispiels nachzuweisen, d.h. die Gültigkeit einer All-Aussage kann niemals durch ein spezielles
Beispiel bewiesen werden! Andererseits kann aber eine for-
mulierte All-Aussage durch die Angabe eines einzigen Gegen-
beispiels widerlegt werden, d.h. findet man ein Element
der vorher festgelegten Menge, für das die Aussage nicht
wahr ist, so ist die All-Aussage falsch. Anders verhält es
sich bei "<u>Es gibt-Aussagen</u>" (sie sind mit dem Quantor "es
gibt (es existiert)" verbunden). Hier genügt es, ein Element zu finden, für das die Aussage wahr ist.

Drei verschiedene Arten, in der Mathematik Beweise zu führen, sind:

<u>Der direkte Beweis:</u>

Die zu beweisende Aussage sei q. Aus bereits als richtig
erkannten oder als richtig angenommenen Aussagen (Axiome,
Definitionen und bereits bewiesene Sätze) wird beim direkten Beweis q erschlossen.

<u>Der indirekte Beweis:</u>

Die zu beweisende Aussage sei q. Eine Möglichkeit besteht
darin, von der Negation von q auszugehen und von $\neg q$ und
bereits als richtig erkannten Aussagen $p_1, p_2, \ldots$ auf einen
Widerspruch zu schließen, der darin besteht, daß eine rich-
tige Aussage r negiert wird. Daneben stehen noch andere
Varianten des indirekten Beweises zur Verfügung.

Der Beweis durch vollständige Induktion
==

Diese Beweistechnik ist nur für Aussagen q anwendbar, die
für alle natürlichen Zahlen 1,2,...,n,... gelten sollen.
Dies ist insbesondere bei vielen mathematischen Formeln
und Gesetzmäßigkeiten der Fall. Beispielsweise ergibt die
Summe der ersten n natürlichen Zahlen stets den Wert $\frac{1}{2}$n(n+1),
etwa

$$1 + 2 + \ldots + 9 + 10 = \frac{1}{2}10 \cdot 11 = 55.$$

Der allgemeine Beweis für derartige Gesetzmäßigkeiten glie-
dert sich in drei Schritte:

1. Induktionsanfang: Man zeigt, daß q für n = 1 richtig ist
2. Induktionsvoraussetzung: Man setzt voraus, daß q für
                            eine beliebige natürliche Zahl
                            n richtig ist.
3. Induktionsschluß: Man beweist unter der Voraussetzung 2.,
                     daß q für die Zahl n + 1 richtig ist;
                     dieser Schritt wird auch Schluß von n
                     auf n + 1 genannt.

Hat man diese drei Schritte durchgeführt, so gilt die Aussage q für alle natürlichen Zahlen.

3.2 Mengen

In Wissenschaft und Praxis werden häufig Gesamtheiten von
Objekten oder Individuen betrachtet, die gemeinsame Merkmale aufweisen, z.B.

> die Wähler einer Partei,
> die Versuchspersonen, die sich für ein psychologi-
> sches Experiment zur Verfügung stellen,
> die neurotischen Patienten einer Klinik,
> die am 15.11.1980 eingeschriebenen Studenten der
> Sozialwissenschaften,
> die Testitems eines psychologischen Tests.

Es erscheint zweckmäßig, für derartige Gesamtheiten einen

allgemeingültigen Begriff der <u>Menge</u> festzulegen. Nach dem
Mathematiker CANTOR wird definiert:

> "Eine Menge ist eine Zusammenfassung bestimmter,
> wohlunterschiedener Objekte unserer Anschauung oder
> unseres Denkens zu einem Ganzen. Diese Objekte heißen
> die <u>Elemente</u> der Menge."

Bei dieser Beschreibung handelt es sich genaugenommen um
keine Definition, sondern lediglich um eine Charakterisie-
rung. Darüber hinaus führt dieser Definitionsversuch zu
Widersprüchen (→ RUSSELsche Antinomie). Für praktische Anwendungen ist die oben angeführte Festlegung und die auf
ihr basierende "naive Mengenlehre" Cantors jedoch ausreichend. Sie bildet die Grundlage des folgenden Abschnitts.

<u>Zur Erläuterung des Mengenbegriffs:</u> Von jedem Objekt muß
feststehen, ob es zur untersuchten Menge gehört oder nicht
("wohlbestimmt") und jedes Element der Menge kommt nur einmal in der Menge vor ("wohlunterscheidbar"). Mengen werden
gewöhnlich mit großen lateinischen Buchstaben A,B,C,... bezeichnet, ihre Elemente mit kleinen Buchstaben. Ob ein bestimmtes Objekt x zu einer bestimmten Menge M gehört, also
Element von M ist oder nicht, wird durch die folgenden
formalen Bezeichnungen abgekürzt:

(3.6) <u>Definition</u>

(a) x ∈ M soll heißen: x ist ein Element der Menge M.
(b) x ∉ M soll heißen: x ist nicht Element der Menge M.

Für die allgemeine Darstellung von Mengen gibt es folgende
Möglichkeiten.

<u>Beschreibung einer Menge durch Aufzählung der Elemente</u>

Alle Elemente, die zu der Menge gehören, werden angegeben.
Dabei spielt die Reihenfolge keine Rolle. Zur Mengendar-
stellung werden geschweifte Klammern benützt.

M = {a,b,c,...} bedeutet: M ist die Menge, die aus den Ele-

menten a,b,c, usw. besteht. Sind Mißverständnisse ausgeschlossen, begnügt man sich oft mit der Aufzählung der
ersten Elemente der Menge, z.B. die Menge der natürlichen
Zahlen

$$\mathbb{N} = \{1,2,3,\ldots\}.$$

Beschreibung einer Menge durch Angabe einer für die Elemente charakteristischen Eigenschaft

$M = \{x \mid x$ hat die Eigenschaft $E\}$ bedeutet: M ist die Menge
aller Elemente x mit der Eigenschaft E.

Bei dieser Schreibweise wird vor dem Schrägstrich ein Symbol zur formalen Kennzeichnung der Elemente angegeben und
nach dem Schrägstrich die die Elemente charakterisierende
Eigenschaft.

Beispiele:

$M = \{x \mid x$ ist Student der Psychologie$\}$.
$M = \{x \mid x$ ist Vokal des lateinischen Alphabets$\} = \{a,e,i,o,u\}$.

Eine weitere Möglichkeit ist:

$M = \{x \in N \mid x$ hat die Eigenschaft $E\}$ bedeutet: M ist die
Menge aller Elemente aus der Menge N, welche die Eigenschaft
E aufweisen.

Beispiel:

$M = \{x \in \mathbb{N} \mid x < 5\} = \{1,2,3,4\}$.
$M = \{x \in \mathbb{N} \mid x$ ist eine gerade Zahl$\} = \{2,4,6,8,10,\ldots\}$.

Weitere Beispiele für Mengen

1. Die 25 Testaufgaben eines psychologischen Tests bilden
   eine Menge $\{a_1,a_2,\ldots,a_{25}\}$.

2. Sei N die Menge der Versuchspersonen (Vpn), die an einem
   Experiment teilnehmen. Dann charakterisiert

$$M = \{x \in N \mid x \text{ ist eine Frau}\}$$

alle weiblichen Vpn, die an dem geplanten Experiment teilnehmen.

3. $M = \{x \in \mathbb{N} \mid 8 \leq x < 12\} = \{8,9,10,11\}$.

4. Die natürlichen Zahlen

$$\mathbb{N} = \{1,2,3,\ldots\},$$

die ganzen Zahlen

$$\mathbb{Z} = \{\ldots-2,-1,0,1,2,\ldots\},$$

die rationalen Zahlen (Brüche)

$$\mathbb{Q} = \{\frac{x}{y} \mid x, y \in \mathbb{Z} \wedge y \neq 0\},$$

die reellen Zahlen $\mathbb{R}$ (Menge aller Punkte auf der Zahlengeraden).

5. $M = \{x \in \mathbb{Z} \mid x^2 = 9\} = \{-3,3\}$.

Bei diesem Beispiel handelt es sich um eine Menge, deren Elemente durch eine Gleichung festgelegt werden. Die Elemente von M sind dadurch charakterisiert, daß sie ganze Zahlen sind und außerdem eine quadratische Gleichung erfüllen. Um die Elemente von M explizit angeben zu können, muß man die quadratische Gleichung lösen. Man erhält $\{-3,3\}$.

Wenn eine Menge endlich viele Elemente enthält, wird sie als endliche Menge bezeichnet, anderenfalls als unendliche Menge.

(3.7) Definition

Eine Menge A heißt Teilmenge (Untermenge) der Menge B, formal A $\subseteq$ B (lies: A ist Teilmenge von B oder: A ist in B ent-

halten), wenn jedes Element der Menge A auch in der Menge
B enthalten ist.

Mitunter ist es hilfreich, Mengen als Kreis- oder Flächen-
areale graphisch zu veranschaulichen, so daß man sich die
Elemente dieser Mengen als Punkte in diesen Arealen vorstel-
len kann. Man spricht von sog. "Venn-Diagrammen".

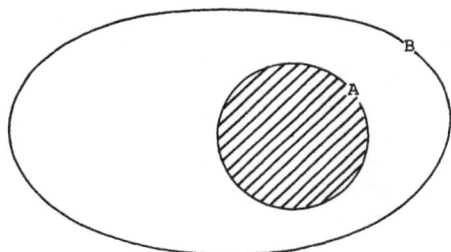

Nebenstehendes Venn-Diagramm
repräsentiert A⊆B

Anmerkung:

A ist eine echte Teilmenge von B, in Zeichen A ⊂ B, wenn es
mindestens ein x aus B gibt, das nicht in A liegt.

Beispiele:

1. A = {1,3}, B = {1,2,3,4}.

   Dann ist A eine echte Teilmenge von B, da die Elemente
   2 und 4 der Menge B nicht in A enthalten sind.

2. Ein Intelligenztest besteht in der Regel aus mehreren
   Untertests, die auf verschiedene Dimensionen der Intelligenz zugeschnitten sind. Der Intelligenztest HAWIE (Ham-
   burg-Wechsler-Intelligenztest für Erwachsene) besteht beispielsweise aus 11 Subtests. Faßt man die Aufgaben der
   Subtests und die des Gesamttests zu Mengen zusammen, dann
   repräsentieren die Aufgabenmengen der Subtests echte Un-
   termengen der Aufgabenmenge des Gesamttests.

Man beachte die unterschiedliche Bedeutung der logischen Symbole "⊂" und "ϵ". Für die Menge

$$M = \{a,b,c\}$$

gilt beispielsweise

$$a \in M \text{ und } \{a\} \subset M.$$

(3.8) Definition

Zwei Mengen A und B heißen gleich, wenn sie dieselben Elemente besitzen, formal ausgedrückt:

$$A = B : \Leftrightarrow (A \subset B) \wedge (B \subset A).$$

Um zu zeigen, daß zwei endliche Mengen A und B gleich sind, kann man durch Vergleich der Elemente von A und B feststellen, ob jedes Element von A auch in B enthalten ist und umgekehrt auch jedes Element von B in A liegt. Handelt es sich um unendliche Mengen, hat man die allgemeine Gültigkeit der Implikationen

$$x \in A \rightarrow x \in B \text{ und } x \in B \rightarrow x \in A$$

nachzuweisen.

(3.9) Definition

Die Menge, die gar kein Element enthält, heißt die leere Menge und wird mit φ bezeichnet. Sie ist definitionsgemäß Teilmenge jeder Menge.

Aus zwei Mengen A und B lassen sich durch gewisse "Mengenoperationen" weitere Mengen gewinnen. Die Mengenoperationen repräsentieren das Analogon zur Verknüpfung von Aussagen in den Definitionen (3.1) bis (3.5) im Bereich der Aussagenlogik.

(3.10) <u>Definition</u>

A und B seinen zwei Mengen

(a) A ∩ B : = {x | x ∈ A ∧ x ∈ B} heißt der <u>Durchschnitt</u>
                                von A und B.

(b) A ∪ B : = {x | x ∈ A ∨ x ∈ B} heißt die <u>Vereinigung</u>
                                von A und B.

<u>Graphische Veranschaulichung:</u>

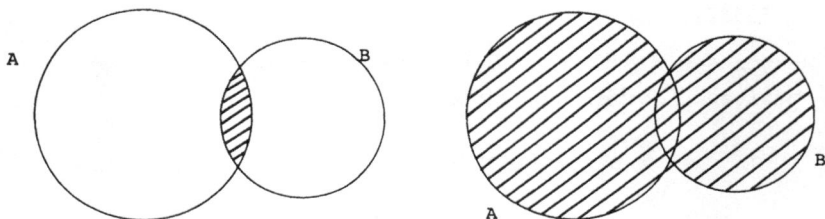

Die schraffierten Flächen repräsentieren A ∩ B (links) und
A ∪ B (rechts).

Ist x ein Element aus der Vereinigungsmenge A ∪ B, so
bedeutet dies, daß x in mindestens einer der beiden
Mengen A oder B liegt, d.h. entweder liegt x in A oder
in B oder in beiden Mengen. Ist x ein Element der
Durchschnittsmenge A ∩ B, so bedeutet dies, daß x sowohl in A als auch in B enthalten sein muß.

<u>Beispiele:</u>

1. A = {1,3,5}, B = {1,2,3,4}, dann ist A ∪ B = {1,2,3,4,5}.

   Elemente, die sowohl in A als auch in B vorkommen, werden in A ∪ B, wie auch sonst in Mengen, nur einmal aufgeführt, da sonst die Bedingung der Unterscheidbarkeit
   (vgl. Definition einer Menge) verletzt wäre.

2. Seien A und B wie in Beispiel 1. Dann ist A ∩ B = {1,3}.

3. Ein Versuchsleiter will die Abhängigkeit der Lösung von

Aufgaben vom Schwierigkeitsgrad der Aufgaben und der
Stärke des Lärms, der in der Umgebung des Arbeitenden
herrscht, untersuchen. Dazu stellt er folgende Versuchs-
bedingungen auf:
Einfache Aufgaben (A_1), schwierige Aufgaben (A_2) und kein
Lärm (L_1), mittelstarker Lärm (L_2), starker Lärm (L_3).

Faßt man die Vpn zusammen, die schwierige Aufgaben zu lösen
haben oder unter starkem Lärmeinfluß arbeiten, bildet man
$A_2 \cup L_3$, graphisch:

Faßt man die Vpn zusammen, die sowohl schwierige Aufgaben
zu lösen haben als auch unter starkem Lärmeinfluß arbeiten,
bildet man $A_2 \cap L_3$, graphisch:

(3.11) <u>Definition</u>

Seien A und B zwei Mengen

A ∖ B : = {x | x ∈ A ∧ x ∉ B} heißt <u>Differenzmenge</u>

Zur Differenzmenge A ∖ B gehören alle Elemente von A,
die <u>nicht</u> in B enthalten sind.

<u>Graphische Veranschaulichung:</u>

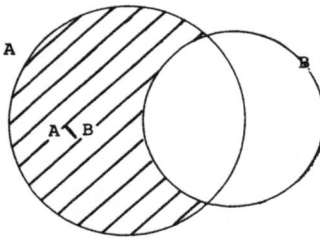

Selbstverständlich läßt sich auch die Differenzmenge B ∖ A
bilden. Man beachte, daß im allgemeinen

$$A ∖ B ≠ B ∖ A$$

gilt.

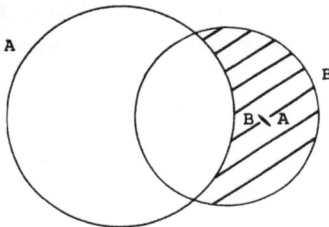

(3.12) <u>Definition</u>

Sei eine Grundmenge Ω gegeben und A ⊆ Ω. Dann heißt

$$A = \{x \mid x ∈ Ω \text{ und } x ∉ A\}$$

das <u>Komplement</u> (die <u>Komplementärmenge</u>) von A bezüglich Ω.

Beispiel:

$\Omega = \{1,2,3,4,5,6\}$, $A = \{2,4,6\} \rightarrow \bar{A} = \{1,3,5\}$.

Für die eben definierten Verknüpfungen von Mengen gelten eine Reihe von Rechenregeln, die in den folgenden Sätzen (3.13) bis (3.16) erörtert werden.

(3.13) Satz

Seien A und B zwei Mengen. Dann gilt:

(1) $A \subseteq A \cup B$ und $B \subseteq A \cup B$

(2) $A \cap B \subseteq A$ und $A \cap B \subseteq B$

(3) Aus $A \subseteq B$ folgt $A \cup B = B$ und $A \cap B = A$

(3.14) Satz

Seien A,B und C Mengen. Dann gilt:

(1) $A \cup B = B \cup A$ und $A \cap B = B \cap A$ (Kommutativität)

(2) $A \cup (B \cup C) = (A \cup B) \cup C$ und $A \cap (B \cap C) = (A \cap B) \cap C$
                                    (Assoziativität)

(3) $A \cap (B \cup C) = (A \cap B) \cup (A \cap C)$ und $A \cup (B \cap C) = (A \cup B) \cap (A \cup C)$
                                    (Distributivität)

Als Beispiel soll das erste Distributivgesetz von Satz (3.14) - (3) graphisch verdeutlicht werden. Das Gesetz

$$A \cap (B \cup C) = (A \cap B) \cup (A \cap C)$$

beinhaltet die Aussage, daß die zusammengesetzten Mengenoperationen

$$A \cap (B \cup C) \text{ und } (A \cap B) \cup (A \cap C)$$

zu derselben Menge führen. Beginnen wir mit $A \cap (B \cup C)$. Die schraffierte Fläche des linken Venn-Diagramms ist $B \cup C$ und daraus resultiert als $A \cap (B \cup C)$ die schraffierte Fläche im rechten Venn-Diagramm.

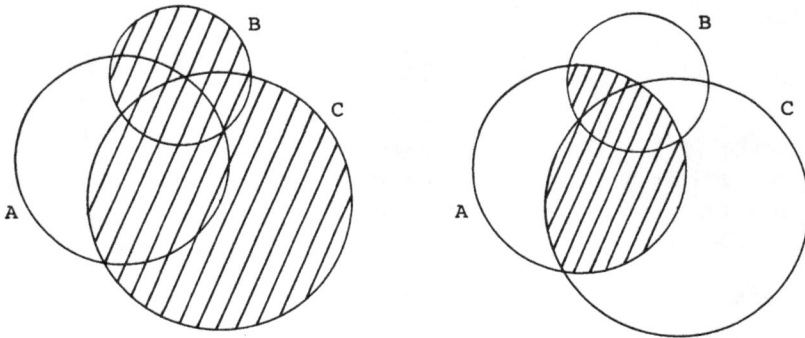

Nun wird die Mengenoperation (A∩B) ∪ (A∩C) durchgeführt.
Im folgenden Venn-Diagramm sind die beiden schraffierten
Flächen die Mengen A ∩ B bzw. A ∩ C und die Vereinigung
der beiden Mengen ergibt dieselbe Menge wie die schraffierte Fläche im obigen rechten Venn-Diagramm.

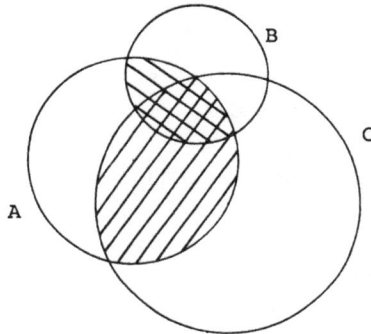

(3.15) <u>Satz</u>

Sei A eine Menge. Dann gilt

    (1)   A ∩ A = A und A ∪ A = A   (Idempotenz)

    (2)   A ∩ ∅ = ∅ und A ∪ ∅ = A

Es fällt eine gewissen Ähnlichkeit der Operationen ∪ und
∩ mit der Addition und Multiplikation der reellen Zahlen
auf, insbesondere beim Studium von Satz (3.14). Man beachte
jedoch, daß für jede Zahl a gilt: $a + a = 2a$ und $a \cdot a = a^2$,

während für jede Menge A sich A $\cup$ A = A und A $\cap$ A = A ergibt (vgl. Satz (3.15)).

(3.16) <u>Satz</u>

A und B seien Teilmengen einer Grundmenge Ω. Dann gilt:

- (1) Aus A $\subseteq$ B folgt $\bar{B} \subseteq \bar{A}$.
- (2) $\overline{(\bar{A})}$ = A
- (3) A $\cap$ $\bar{A}$ = $\emptyset$
- (4) A $\cup$ $\bar{A}$ = Ω
- (5) $\overline{A \cap B}$ = $\bar{A} \cup \bar{B}$
- (6) $\overline{A \cup B}$ = $\bar{A} \cap \bar{B}$

Die Gesetze (5) und (6) in Satz (3.16) werden "DeMorgan'sche
Regeln" oder das "Dualitätsprinzip" genannt. Verbal ausgedrückt lauten sie:

> Das Komplement des Durchschnitts zweier Mengen ist gleich
> der Vereinigung der einzelnen Komplemente.
> Das Komplement der Vereinigung zweier Mengen ist gleich
> dem Durchschnitt der einzelnen Komplemente.

Die Mengenoperationen der Durchschnitts- und Vereinigungs-
bildung lassen sich ohne Schwierigkeiten auf mehr als zwei
Mengen verallgemeinern. Ist der Durchschnitt der Mengen

$A_1, A_2, \ldots, A_n$, also $A_1 \cap A_2 \cap \ldots \cap A_n$ zu bilden, schreibt man
man dafür

$$\bigcap_{i=1}^{n} A_i = \{x \mid x \in A_1 \wedge \ldots \wedge x \in A_n\}$$

und liest: "Durchschnitt der Mengen A_i für i von 1 bis n".

Für die gemeinsame Vereinigung $A_1 \cup A_2 \cup \ldots \cup A_n$ schreibt
man

$$\bigcup_{i=1}^{n} A_i = \{x \mid x \in A_1 \vee \ldots \vee x \in A_n\}$$

und liest: "Vereinigung der Mengen A_i für i von 1 bis n".

Die Potenzmenge

Betrachten wir nun die Menge A = $\{a_1, a_2, a_3\}$. Welche Teilmengen besitzt A? Wieviele Teilmengen gibt es insgesamt?

Ordnet man die Teilmengen von A nach der Anzahl ihrer Elemente, so ergibt sich:

> Teilmengen mit drei Elementen: $\{a_1, a_2, a_3\}$ = A
> Teilmengen mit zwei Elementen: $\{a_1, a_2\}$, $\{a_1, a_3\}$, $\{a_2, a_3\}$
> Teilmengen mit einem Element: $\{a_1\}$, $\{a_2\}$, $\{a_3\}$
> Teilmengen mit keinem Element: $\emptyset$

Die Menge A besitzt also insgesamt 8 Teilmengen. Allgemein
gilt für endliche Mengen:

(3.17) Satz

Sei A = $\{a_1, a_2, \ldots, a_n\}$. Dann besitzt A genau 2^n verschiedene Teilmengen.

Die Teilmengen einer Menge A können wieder zu einer Menge
zusammengefaßt werden. Man beachte, daß die Elemente dieser
Menge selbst wieder Mengen sind. Es handelt sich um eine Menge von Mengen und man spricht von der Potenzmenge von A.

(3.18) Definition

Ist A eine Menge, so nennt man die Menge aller Teilmengen
von A die Potenzmenge von A und bezeichnet sie mit $\mathbb{P}(A)$.

Beispiel:

Ist A = $\{a_1, a_2, a_3\}$, dann erhält man für die Potenzmenge
von A:

$\mathbb{P}(A) = \{\emptyset, \{a_1\}, \{a_2\}, \{a_3\}, \{a_1, a_2\}, \{a_1, a_3\}, \{a_2, a_3\}, \{a_1, a_2, a_3\}\}$.

Zum Schluß dieses Abschnitts wird noch kurz die Verbindung
zwischen Mengenlehre und Aussagenlogik erörtert. Können gegebenen Sätzen der Aussagenlogik Mengen zugeordnet werden,
dann lassen sich aussagenlogische Ausdrücke aus Abschnitt

3.1 leicht überführen in Ausdrücke der Mengenlehre und umgekehrt.

Dabei entspricht z.B.

	dem Ausdruck in der Mengenlehre	der Ausdruck in der Aussagenlogik
(1)	$A \cup B$	$p \vee q$
(2)	$A \cap B$	$p \wedge q$
(3)	$\overline{A}$	$\neg p$
(4)	$A \smallsetminus B$	$p \wedge \neg q$
(5)	$A \subseteq B$	$p \Rightarrow q$
(6)	$A = B$	$p \Leftrightarrow q$

3.3 Relationen, Abbildungen und Funktionen

Im letzten Abschnitt wurden einige Möglichkeiten der Verbindung verschiedener Mengen behandelt, insbesondere wie
durch Mengenoperationen wieder neue Mengen entstehen. In
diesem Abschnitt werden nun Beziehungen zwischen den Elementen einer Menge oder zwischen den Elementen verschiedener Mengen behandelt. Grundlegend dafür ist der Begriff
der Relation. In sozialwissenschaftlichen Gesamtheiten von
Individuen oder Objekten sind Relationen in vielfältiger
Weise beobachtbar. Beispielsweise stehen Personen bezüglich einer bestimmten Eigenschaft in Beziehung zueinander:
zwei Personen haben dieselbe oder nicht dieselbe Augenfar-
be, Herr Müller ist größer als Herr Huber, Fritz geht in
dieselbe Klasse wie Paul, Hans löst mehr Testaufgaben wie
Fritz, Paul hat im heutigen Diktat doppelt so viele Fehler
wie im letzten Diktat, Hans ist mit Michael befreundet,
etc.

Zur mathematischen Beschreibung der Beziehung zwischen den
Elementen von sozialwissenschaftlichen Gesamtheiten werden
im folgenden die grundlegenden Begriffe "Cartesisches Produkt (Produktmenge)" und "Relation" formal präzisiert.

(3.19) Definition

Seien A und B nichtleere Mengen. Dann heißt die Menge der

geordneten Paare (a,b), wobei a $\in$ A und b $\in$ B ist, das
<u>cartesische Produkt</u> von A und B; es wird A $\times$ B geschrieben.
a heißt die erste Komponente, b die zweite Komponente des
geordneten Paares (a,b).

Man beachte, daß die erste Komponente des Paares (a,b) stets
ein Element der Menge A und die zweite Komponente immer ein
Element der Menge B sein muß. Allerdings brauchen die Mengen A und B keineswegs immer verschieden sein. Man vergleiche dazu Beispiel 2.

<u>Beispiele:</u>

(1) A = $\{a_1, a_2, a_3\}$, B = $\{b_1, b_2\}$. Dann ist
    A $\times$ B = $\{(a_1,b_1), (a_1,b_2), (a_2,b_1), (a_2,b_2), (a_3,b_1), (a_3,b_2)\}$.

(2) $\mathbb{R}^2$ = $\mathbb{R} \times \mathbb{R}$, die "reelle Ebene" (xy-Ebene), ist die Men-
    ge der geordneten Paare (x,y) von reellen Zahlen x und
    y.

    Jeder Punkt P der Ebene läßt sich auf diese Weise durch
    die Angabe eines Paares (x,y) von reellen Zahlen charak-
    terisieren.

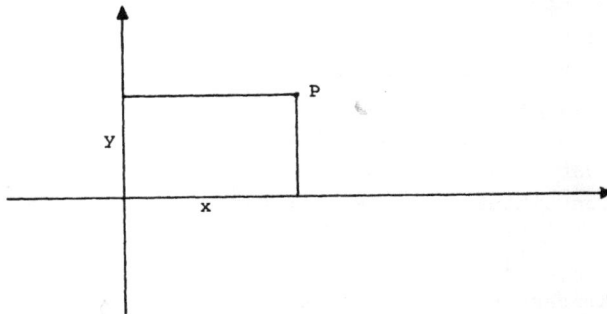

Die erste Komponente x entspricht dabei dem senkrechten Abstand des Punktes P zur y-Achse, die zweite Komponente y entspricht dem senkrechten Abstand des Punktes P zur x-Achse.

Man beachte, daß die beiden Komponenten nicht vertauscht

werden dürfen. So werden z.B. durch (1,2) und (2,1) zwei
<u>verschiedene</u> Punkte der Ebene festgelegt.

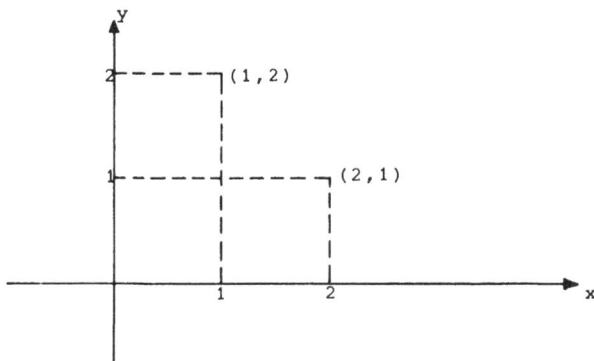

(3) M sei eine Menge von Männern und F eine Menge von Frau-
en; dann ist M × F die Menge aller möglichen Paare (m,f),
wobei m ∈ M einen Mann und f ∈ F eine Frau repräsentieren.

Statt "Cartesisches Produkt" wird gelegentlich auch der Begriff "<u>Produktmenge</u>" verwendet. Es kann auf eine beliebige
Anzahl von Mengen ausgedehnt werden.

(3.20) <u>Definition</u>

Seien $A_1, A_2, \ldots, A_n$ nichtleere Mengen. Das cartesische Produkt $A_1 \times A_2 \times \ldots \times A_n$ ist die Menge aller geordneten n-Tupel $(a_1, a_2, \ldots, a_n)$ mit $a_1 \in A_1$, $a_2 \in A_2, \ldots, a_n \in A_n$.

(3.21) <u>Definition</u>

(1) Eine Teilmenge R des cartesischen Produkts A × B heißt
<u>binäre Relation</u> zwischen den Mengen A und B (bzw. auf
A × B).

(2) Ist die Relation R Teilmenge des cartesischen Produkts
der n Mengen $A_1 \times \ldots \times A_n$, nennt man sie <u>n-stellige</u>
<u>Relation</u> auf den Mengen $A_1, A_2, \ldots, A_n$.

Die Elemente von Relationen sind also geordnete Paare
(a,b) bzw. n-Tupel $(a_1, \ldots, a_n)$. Bei den Mengen, die
der cartesischen Produktbildung zugrundeliegen, muß
es sich nicht um verschiedene Mengen handeln. So nennt
man eine Teilmenge von A × A eine <u>binäre Relation auf</u>
<u>A</u>. Ist R∈A×B eine binäre Relation zwischen A und B
und gilt (a,b)∈R, so schreibt man hierfür auch aRb.
Die Paare (a,b)∈R sind bei praktischen Anwendungen
im allgemeinen durch eine bestimmte Eigenschaft aus-
gezeichnet, die die Relation charakterisiert.

<u>Beispiele:</u>

(1) Sei A die Menge der Schüler einer Klasse. Alle Schüler
    werden gefragt, neben welchem Schüler sie am liebsten
    sitzen möchten. Die Menge der Paare (a_1, a_2), bei denen
    der Schüler a_1 angibt, er möchte neben Schüler a_2 sit-
    zen, ist eine binäre Relation auf A.

(2) Sei A eine Menge von erwachsenen Personen. Die Relation
    R sei definiert durch "ist verwandt mit". R ist also
    die Menge aller Paare (a_1, a_2), bei denen jeweils Per-
    son a_1 in einem Verwandtschaftsverhältnis zu Person a_2
    steht.

(3) Sei A eine Menge von Personen und B die Menge der Test-
    items eines psychologischen Tests. Die Relation R sei
    definiert durch "Person a löst Testaufgabe b". R ist
    also die Menge aller Paare (a,b) ∈ A × B, wobei Person
    a die Testaufgabe b richtig beantwortet hat.

(4) Wichtige Relationen im Bereich der reellen Zahlen sind
    die "Größer-" und "Kleiner-Relationen", z.B.

$$R = \{(x,y) \in \mathbb{R} \times \mathbb{R} : x > y\}$$

Im folgenden werden einige Eigenschaften von binären Relationen auf A vorgestellt.

(3.22) <u>Definition</u>

Eine binäre Relation ist	wenn gilt (a,b,c $\in$ A)
reflexiv	aRa für alle a$\in$A
irreflexiv	$\neg$aRa für alle a$\in$A
symmetrisch	aRb $\rightarrow$ bRa
asymmetrisch	aRb $\rightarrow \neg$bRa
antisymmetrisch	aRb $\wedge$ bRa $\rightarrow$ a=b
transitiv	aRb $\wedge$ bRc $\rightarrow$ aRc
negativ transitiv	$\neg$aRb $\wedge \neg$bRc $\rightarrow \neg$aRc
konnex (vollständig, total)	aRb $\vee$ bRa

Eine reflexive, symmetrische und transitive Relation wird
<u>Äquivalenzrelation</u> genannt. Man stellt fest, daß diese
Relation die Elemente der Menge A so in Teilmengen zerlegt,
daß innerhalb jeder Teilmenge alle Elemente zueinander in
der Relation R stehen und kein Element einer Teilmenge in
Relation zu irgendeinem Element einer anderen Teilmenge
steht. Die so entstandenen Teilmengen heißen <u>Äquivalenz-</u>
<u>klassen</u>.

Jede transitive Relation ist eine <u>Ordnungsrelation</u>. Von
besonderer Bedeutung, insbesondere in der Meßtheorie (vgl.
nächster Abschnitt), sind konnexe und transitive Relationen.
Man bezeichnet sie als <u>schwache Ordnungsrelationen</u> bzw.
<u>schwache Ordnungen</u>. Durch derartige Relationen können die
untersuchten Individuen oder Objekte in eine Rangordnung
gebracht werden. Ein Beispiel im numerischen Bereich ist
die "$\geq$"-Relation.

<u>Beispiele:</u>

(1) Sei M eine Menge von Frauen und die Relation R auf M
    sei durch "ist Schwester von" definiert. R ist eine
    symmetrische Relation. Erweitert man M auf eine belie-
    bige Menge von Personen, dann ist R im allgemeinen nicht
    symmetrisch, da zwar m_1Rm_2 (m_1 ist Schwester von m_2)
    gelten mag, aber wenn m_2 ein Mann ist, gilt nicht
    m_2Rm_1.

(2) Sei die Menge M ein Mengensystem, also eine Menge von

Mengen, und R sei definiert durch "ist Teilmenge von".
Diese Relation ist transitiv, denn

$$\text{aus } A \subseteq B \wedge B \subseteq C \text{ folgt auch } A \subseteq C,$$

aber sie ist im allgemeinen nicht konnex, denn es gibt
Mengen, für die weder

$$A \subseteq B \text{ noch } B \subseteq A$$

gilt

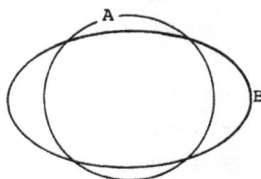

Solche Mengen können mit der eben definierten Relation
nicht verglichen werden; man hat lediglich eine parti-
elle Ordnung vorliegen.

(3) Die ">"-Relation auf $\mathbb{R}$ ist reflexiv, da für jedes $a \in \mathbb{R}$
gilt

$$a \geq a,$$

die strenge ">"-Relation hingegen ist irreflexiv.
Die durch "ist älter als" auf einer Menge von Personen
definierte Relation ist ebenfalls irreflexiv.

(4) M sei die Menge der Schüler einer Schule und R sei durch
"geht in dieselbe Klasse" definiert. Man prüft leicht
nach, daß durch R eine Äquivalenzrelation festgelegt
ist. Durch diese Relation wird die Menge M in disjunk-
te Teilmengen zerlegt, denn alle Schüler, die zueinander in Relation stehen, gehen in dieselbe Klasse. Die
entstehenden Äquivalenzklassen sind hier die üblichen
Schulklassen.

Im Falle von endlichen Grundmengen gibt es mehrere Möglichkeiten der graphischen bzw. tabellarischen Veranschaulichung
von (binären) Relationen.

Bei der graphentheoretischen Darstellung werden die Elemente
der in Frage stehenden Mengen durch Punkte in der Ebene dargestellt. Genau dann, wenn $(a,b) \in R$ gilt, wird ein Pfeil von
Punkt a nach Punkt b eingezeichnet.

Beispiel:

Seien $A=\{a_1,a_2,a_3,a_4\}$ und $R=\{(a_1,a_3),(a_2,a_2),(a_3,a_2),(a_3,a_4)\}$
$\subset A \times A$ eine binäre Relation auf A. Dann ergibt sich folgende
graphentheoretische Veranschaulichung:

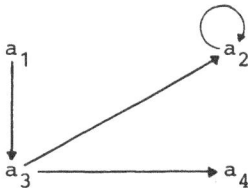

Eine weitere Möglichkeit der Veranschaulichung liefert die
Matrixdarstellung einer binären Relation R. Sie wird in
Abschnitt 5.1 behandelt.

Bei einer (binären) Relation zwischen den Mengen A und B
können einem Element $a \in A$ sehr viele Elemente $b \in B$ zugeordnet
werden. So werden beispielsweise durch die "<"-Relation im
Bereich der reellen Zahlen $(A=B=\mathbb{R})$ jeder Zahl $x \in \mathbb{R}$ unendlich
viele Zahlen zugeordnet (sie steht mit unendlich vielen
Zahlen in der "<"-Relation), denn es gibt ja unendlich viele
Zahlen größer als x. Ebenso werden bei der in Beispiel (4)
definierten Äquivalenzrelation jedem Schüler mehrere Mit-
schüler zugeordnet (d.h. er steht mit mehreren Mitschülern
"in Relation"), nämlich alle, die in seine Klasse gehen.

Von besonderem Interesse sind Relationen zwischen zwei
Mengen A und B, bei denen jedem Element aus A genau ein
Element aus B zugeordnet wird.

(3.23) Definition

Eine Relation f zwischen zwei Mengen A und B (die nicht
verschieden sein müssen), heißt Abbildung von A in B,
wenn jedem $a \in A$ genau ein $b \in B$ zugeordnet wird, d.h. aus
$(a,b_1) \in f$ und $(a,b_2) \in f$ folgt stets $b_1 = b_2$.

Um die besondere Bedeutung der Abbildung hervorzuheben,
schreibt man statt (a,b)∈R nun (a,b)∈f bzw. b=f(a) oder
f:A→B.

Eine Abbildung f ist also eine Zuordnungsvorschrift,
die jedem Element a∈A genau ein Element b∈B als Bild
zuordnet.

Dabei heißt A der <u>Definitionsbereich</u> von f, B der <u>Werte-
bereich</u> und die Menge f(A):={f(a)|a∈A} der <u>Bildbereich</u>
(oder die <u>Bildmenge</u>) von f.

Man beachte, daß ein und demselben Element aus A <u>nicht</u>
verschiedene Bildelemente aus B zugeordnet werden dürfen.
Dagegen ist zulässig, daß verschiedenen Elementen aus A
dasselbe Element aus B zugeordnet wird. Ferner ist aus
der Definition ersichtlich, daß eine Abbildung erst durch
die Angabe von Definitionsbereich, Wertebereich und Zuordnungsvorschrift festgelegt ist.

Das folgende Bild soll den Vorgang der Abbildung graphisch
veranschaulichen:

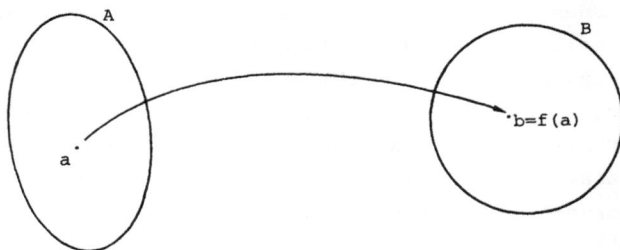

Beispiele:

(1) Sei A die Menge der Schüler einer Schulklasse. Jeder
    Schüler wird aufgefordert, genau einen Mitschüler zu
    benennen, mit dem er in einem geplanten Praktikum zusam-
    menarbeiten möchte. Die Relation f ist die Menge aller
    Paare (a_1,a_2), wobei Schüler a_1 angibt, er möchte mit
    Schüler a_2 zusammenarbeiten. f ist eine Abbildung von
    A in A. Dürfen die Schüler mehr als einen Mitschüler
    benennen, ist die dadurch festgelegte Relation <u>keine</u>
    Abbildung mehr.

(2) Sei M die Menge der Patienten einer psychiatrischen
    Klinik und D die Menge der möglichen diagnostischen
    Kategorien. Wird jeder Patient genau einer Kategorie
    zugeordnet, entsteht eine Abbildung $f:M \to D$.

(3) In einer Reihe von sozialwissenschaftlichen Experimenten
    und Erhebungen werden sog. "Distanz-" oder "Ähnlichkeits-
    maße" zwischen den Objekten einer Menge A benötigt.
    Jedem Paar von Objekten wird eine "Distanz" bzw. ein
    Maß für die "Ähnlichkeit" (hinsichtlich eines Kriteriums)
    zugeordnet. Dabei handelt es sich jeweils um eine Abbil-
    dung von $A \times A$ in $\mathbb{R}$ mit bestimmten Eigenschaften.

(4) Seien $A = \{a_1, a_2, a_3, a_4\}$ und $B = \{b_1, b_2, b_3\}$

$$f_1 : A \to B \qquad\qquad f_2 : A \to B$$

$$\begin{array}{ll}
a_1 \to b_2 & a_1 \to b_1 \\
a_2 \to b_1 & a_2 \to b_1 \\
a_3 \to b_1 & \to b_3 \\
a_4 \to b_2 & a_3 \to b_2 \\
& a_4 \to b_3
\end{array}$$

f_1 ist eine Abbildung, aber f_2 ist keine Abbildung.

(3.24) Definition

Sei f eine Abbildung von A in B.

(1) Für eine beliebige Teilmenge $M \subseteq A$ heißt die Menge
    $f(M) := \{f(a) \mid a \in M\}$ das <u>Bild von M</u> (unter der Abbil-
    dung f von A in B).

(2) Für eine beliebige Teilmenge $N \subseteq B$ heißt die Menge
    $f^{-1}(N) := \{a \in A \mid f(a) \in N\}$ das <u>Urbild von N</u> (unter der
    Abbildung f von A in B).

In den folgenden Definitionen werden einige spezielle Abbildungen eingeführt. Dabei sei f stets eine Abbildung von A in B.

(3.25) Definition

(1) f heißt <u>surjektiv</u>, wenn alle Elemente $b \in B$ Bildpunkte
    sind ($f(A) = B$), d.h. wenn es zu jedem $b \in B$ ein $a \in A$ gibt
    mit $b = f(a)$.

(2) f heißt <u>injektiv</u>, wenn die Abbildung f verschiedenen
    Elementen aus A auch verschiedene Elemente von B zu-
    ordnet, d.h. wenn aus $a_1 \neq a_2$ folgt: $f(a_1) \neq f(a_2)$ für
    alle $a_1, a_2 \in A$.

(3) f heißt <u>bijektiv</u>, wenn f surjektiv und injektiv ist.

Bei der Abbildung f_1 von Beispiel (4) sieht man, daß der
Bildbereich den Wertebereich nicht auszuschöpfen braucht
(Element b_3 ist kein Bildelement). Bei einer surjektiven Ab-
bildung ist der ganze Wertebereich auch Bildbereich.

Wie schon erwähnt, ist es mit der Definition einer Abbildung
durchaus verträglich, daß zwei oder mehr Elemente des Defi-
nitionsbereichs dasselbe Element des Wertebereichs zugeordnet
erhalten. Bei einer injektiven Abbildung wird dieser Fall
nicht mehr zugelassen.

Beispiele:

(1) Seien $A=\{a_1,a_2,a_3,a_4\}$ und $B=\{b_1,b_2,b_3\}$.
    Die Abbildung $f:A \to B$

$$a_1 \to b_3$$
$$a_2 \to b_2$$
$$a_3 \to b_2$$
$$a_4 \to b_1$$

   ist surjektiv, aber nicht injektiv.

(2) Seien $A=\{a_1,a_2,a_3\}$ und $B=\{b_1,b_2,b_3,b_4\}$.
    Die Abbildung $f:A \to B$

$$a_1 \to b_2$$
$$a_2 \to b_3$$
$$a_3 \to b_1$$

   ist injektiv, aber nicht surjektiv.

Von besonderem Interesse sind Abbildungen, bei denen Defini-
tions- und Wertebereich Teilmengen der reellen Zahlen sind.

Seien A und B nichtleere Teilmengen von $\mathbb{R}$. Dann heißt
eine Abbildung $f:A \to B$ (reelle) Funktion einer reellen
Variablen.

Zum Schluß dieses Abschnitts werden noch kurz die "Umkehrabbildung" und "zusammengesetzte Abbildungen" erörtert.

Bei einer bijektiven Abbildung $f:A \to B$ existiert aufgrund
der Surjektivität zu jedem $b \in B$ ein $a \in A$ mit $b=f(a)$.
Wegen der Injektivität ist dieses $a \in A$ eindeutig bestimmt
(aus $a_1 \neq a_2 \Rightarrow f(a_1) \neq f(a_2)$). Auf diese Weise erhält man
eine eindeutig bestimmte Abbildung von B in A. Sie heißt
inverse Abbildung (Umkehrabbildung) und wird mit f^{-1} bezeichnet (nicht zu verwechseln mit dem Urbild!).

Es seien f:A→B und g:B→C zwei Abbildungen. Jedem a∈A
wird durch f ein Bildpunkt f(a)∈B zugeordnet. Nach
Voraussetzung ist g auf B definiert, f(a) gehört zum
Definitionsbereich von g. Folglich kann man jetzt f(a)
sein Bild g(f(a)) unter g zuordnen. Durch die Festsetzung

$$h(a) := g(f(a)) \qquad \text{für alle } a \in A$$

wird also in eindeutiger Weise eine Abbildung h:A→C erklärt. Man nennt h die aus f und g <u>zusammengesetzte Ab-</u>
<u>bildung</u> und bezeichnet sie mit f∘g.

Die Anwendungsmöglichkeiten der in diesem Kapitel kurz dar-
gestellten Teilgebiete der Mathematik, die gelegentlich als
"Grundlagen der Mathematik" bezeichnet werden, in der Mathematischen Psychologie und den Sozialwissenschaften sind sehr
vielfältig. Sie reichen von der Wahrscheinlichkeitstheorie
über lerntheoretische Modelle bis zur Theorie der Wahlent-
scheidungen und allgemeinen soziometrischen Modellen. Im
folgenden werden zwei Anwendungsmöglichkeiten, die für das
Studium der Sozialwissenschaften von grundlegender Bedeutung
sind, behandelt, nämlich ein kurzer Abriß der Grundbegriffe
und Zielsetzungen der Meßtheorie und eine knappe Einführung
in die Grundlagen der Wahrscheinlichkeitstheorie.

<u>Weiterführende Literatur:</u>

Halmos (1968), Kamke (1965), Menne (1966), Picker (1973),
Suppes (1960)

3.4 Einige Anwendungen der mengentheoretischen Grundbegriffe in den Sozialwissenschaften

3.4.1 Grundlegende Begriffe und Zielsetzungen der Meßtheorie

Die modernen Sozialwissenschaften verstehen sich als empirische Wissenschaften, deren typisches Kennzeichen darin
liegt, daß ihre Aussagen, Hypothesen und Gesetzmäßigkeiten
einer empirischen Überprüfung unterzogen werden und prinzi-

piell durch die Empirie widerlegbar sein müssen. Nur solche Hypothesen bzw. Deduktionen eines empirisch-wissenschaft-
lichen Systems können zur Erklärung unserer Umwelt dienen,
die nicht im Widerspruch zur Erfahrung stehen.

Die Sozialwissenschaften versuchen, ebenso wie andere Wissenschaften, beobachtbare Phänomene mit möglichst allgemeingültigen Gesetzmäßigkeiten zu erklären und zu progno-
stizieren. Die Teilaspekte einer sozialwissenschaftlichen
Theorie, die dann als Hypothesen und Gesetzmäßigkeiten
einer empirischen Untersuchung unterzogen werden, konkretisieren sich in jedem Fall auf bestimmte Eigenschaften der
zu untersuchenden Objekte oder Individuen, also auf gewisse
Untersuchungsmerkmale. Beispiele solcher Eigenschaften bzw.
Merkmale sind Länge, Masse, Volumen oder Geschwindigkeit in
der Physik, Angebot, Nachfrage, Einkommen oder Konsum in
der Ökonomie, Persönlichkeitsmerkmale wie Intelligenz, Angst
oder Kreativität in der Psychologie. Die Betrachtung einer
Einheit, etwa die Feststellung des Gewichts einer Person,
aber auch eine Befragung, ein psychologischer Test oder
die Durchführung eines Experiments, liefert jeweils einen
Wert (eine Ausprägung oder Realisation) dieser Merkmale
oder Variablen. Die Frage, welche Ausprägungen bei einer
Variablen unterschieden werden sollen, und was diese Aussagen bezüglich der einzelnen Untersuchungseinheiten be-
sagen, ist in allen Wissenschaften, welche die Richtigkeit
ihrer theoretischen Gesetzmäßigkeiten durch empirisches
Datenmaterial überprüfen, von zentralem Interesse. Die
Kennzeichnung der systematischen Variation einer Variablen und die Präzisierung des Aussagegehalts der Ausprägungen des Merkmals sind Gegenstand eines eigenständigen Bereichs der Datenanalyse: der Meßtheorie und Skalierung.

Wenn man bestimmte Verhaltensweisen eines Individuums beob-
achtet oder eine Eigenschaft eines Objekts untersucht und
das Meßergebnis unmittelbar oder mit Hilfe von Meßinstru-
menten durch Zahlen ausdrückt, hat man eine "Messung" vorgenommen. Dem Verhalten oder der Eigenschaft wird eine Zahl
zugeordnet, die die "Intensität oder Stärke" der Verhaltens-
weise oder den "Ausprägungsgrad" der untersuchten Eigenschaft charakterisieren soll. Allgemein wird der Prozeß,
in dem die verschiedenen Ausprägungen von Eigenschaften bzw.

Untersuchungsmerkmalen durch Zahlen repräsentiert werden,
Messung genannt.

Einige Eigenschaften aus dem Bereich der Naturwissenschaften, wie Länge, Gewicht, Volumen, etc., werden mit Methoden gemessen, die uns seit langer Zeit vertraut sind. Überhaupt erscheint die Messung der meisten physikalischen
Größen völlig problemlos. Anders verhält es sich in den Sozialwissenschaften. Obwohl sie nach derselben Präzision
streben wie die Naturwissenschaften, werden sie mit einer
harten Realität konfrontiert: menschliche Verhaltensweisen
und soziale Prozesse sind äußerst schwer zu quantifizieren.
So erscheint uns beispielsweise die Messung der Persönlichkeitsmerkmale "Intelligenz" oder "Angst" im Vergleich zu
technisch-physikalischen Messungen wesentlich willkürli-
cher und problematischer. Vielfach wurde sogar die Auffassung vertreten, daß psychologische Eigenschaften überhaupt
nicht in demselben Sinne meßbar seien wie physikalische
Eigenschaften, etwa z.B. Länge oder Masse. Dabei blieb die
Rechtfertigung für die vertretenen Standpunkte meistens
recht vage. Sind psychologische und sozialwissenschaftliche Merkmale prinzipiell nicht "meßbar" bzw. quantifizier-
bar, oder sind sie nur nicht mit derselben Genauigkeit meßbar, die man bei technisch-physikalischen Merkmalen erhalten kann? Die Klärung der durch die verschiedenen Standpunkte aufgeworfenen Fragestellungen ist Gegenstand der
Meßtheorie.

Prinzipiell gilt, daß sowohl in den Naturwissenschaften als
auch in den Sozialwissenschaften nicht die untersuchten
Objekte bzw. Individuen selbst, sondern lediglich ihre
Eigenschaften meßbar sind. Die Meßtheorie erforscht die
Voraussetzungen für die Meßbarkeit der Eigenschaften. Unter
den Voraussetzungen versteht man in diesem Zusammenhang
bestimmte meist qualitative Beziehungen, die im empirisch
beobachtbaren Bereich vorliegen müssen, damit eine "Messung" möglich ist. Entgegen dem vielfachen Gebrauch in
der Alltagssprache korrespondiert der Begriff "Messung"
hier hauptsächlich mit dem Vorgang der Entwicklung des
"Meterstabes" und nicht mit dem Gebrauch eines bereits
konstruierten und geeichten Meterstabes. Das Ziel der
Meßtheorie ist also, dem Meßprozeß eine logische Grundlage

zu geben. Die Aussagen der Meßtheorie gelten für alle
Wissenschaftsdisziplinen. Das Konzept der Meßtheorie, welche in jüngerer Zeit ein umfassendes Theoriengebäude ge-
worden ist, kann hier nur kurz skizziert werden. Für eine
detaillierte Darstellung der (algebraisch formulierten)
Theorie vergleiche man etwa das überaus gründliche und
entsprechend umfangreiche Buch von KRANTZ, LUCE, SUPPES
und TVERSKY (1971). Eine gleichfalls exzellente Einführung
in eine mehr topologisch orientierte Meßtheorie gibt
PFANZAGL (1971). Außerdem vergleiche man SUPPES und ZINNES
(1963), CAMPBELL (1928), ELLIS (1966), ROZEBOOM (1966),
DOMOTOR (1972), ORTH (1974) und andere.

Ausgangspunkt der Messung ist eine Menge M von Objekten
bzw. Individuen, denen Meßwerte zugeordnet werden sollen.
Neben den Objekten bzw. Individuen untersucht man eine
(endliche) Anzahl empirisch feststellbarer Relationen
$R_1, \ldots, R_n$ zwischen den Objekten bzw. Individuen. Für die
Definition einer Relation vergleiche man Def. (3.21).

Beispiele für solche empirisch feststellbare Relationen sind:

Produkt a_1 wird Produkt a_2 vorgezogen,
Person a löst Testaufgabe b,
Paul hat mehr Fehler im Diktat als Hans,
Ton a_1 wird als lauter empfunden als Ton a_2.

Bei vielen Anwendungen, vor allem in den Sozialwissenschaften, können die Objekte hinsichtlich der untersuchten Eigenschaft in eine Rangordnung gebracht werden. Besteht sonst
keine Beziehung zwischen den Objekten bzw. Individuen der
Grundmenge, ist lediglich eine einzige Relation empirisch
feststellbar. Vom mathematischen Standpunkt handelt es
sich dabei in der Regel um eine sog. "schwache Ordnung",
d.h. eine antisymmetrische, reflexive und transitive binäre Relation (vgl. Def. (3.22)), die durch

"ist mindestens so ... wie"

oder   "ist höchstens so ... wie"

festgelegt ist.

(3.26) <u>Definition</u>

(a) Sei M eine Menge von Objekten bzw. Individuen und
$R_1, \ldots, R_n$ seien auf M definierte Relationen. Das
System $<M, R_1, \ldots, R_n>$ heißt <u>empirisches relationales
System</u> oder <u>empirisches Relativ</u>.

(b) Ist N eine Menge von Zahlen oder Vektoren und bezeichnen $S_1, \ldots, S_m$ Relationen auf dieser Menge, so
heißt das System $<N, S_1, \ldots, S_m>$ <u>numerisches relationales System</u> oder <u>numerisches Relativ</u>.

Voraussetzung für die Messung ist das Vorhandensein eines
empirischen Relativs, also einer Menge empirisch beobacht-
barer Objekte oder Individuen, die in bezug auf eine bestimmte Eigenschaft in beobachtbaren Relationen zueinander stehen. Die eigentliche Messung erfolgt dann durch Zuordnung von numerischen Werten zu den Objekten bzw. Individuen, d.h. das empirische Relativ wird durch das numerische Relativ repräsentiert. Allerdings ist nicht jede
Zuordnung als Messung anzusehen.

Eine Messung liegt genau dann vor, wenn die Zuordnung
durch eine <u>homomorphe</u> Abbildung v des empirischen Relativs in das numerische Relativ gegeben ist. Die homomorphe Abbildung v, zusammen mit empirischem und nume-
rischem Relativ, heißt dann <u>Skala</u>. Manchmal wird auch
die homomorphe Abbildung v allein bereits als Skala
bezeichnet. Eine homomorphe Abbildung v ist dadurch
gekennzeichnet, daß nicht nur die (empirische) Urbild-
menge M in die (numerische) Bildmenge N abgebildet
wird, sondern daß darüber hinaus auch die bestehenden
Relationen auf der Menge M in analoge Relationen, die
dann auf der Menge N bestehen, übergeführt werden.

Gilt also beispielsweise für zwei Elemente a_1 und a_2 aus
M die Relation

$$a_1 R_i a_2,$$

so muß für die zu R_i korrespondierende Relation S_i auf der Menge N

$$v(a_1) \ S_i \ v(a_2)$$

gelten.

Bezeichnet man etwa die empirische schwache Ordnungsrelation "ist höchstens so ... wie" im Unterschied zur entsprechenden Relation "$\leq$" im Zahlenbereich mit "$\underset{\sim}{\leq}$", und stehen zwei Objekte oder Individuen in der Relation

$$a_1 \underset{\sim}{\leq} a_2,$$

so hat die numerische Zuordnung so zu erfolgen, daß für die Skalenwerte

$$v(a_1) \leq v(a_2)$$

gilt.

Die Existenz eines Homomorphismus der beschriebenen Art ist das Kriterium dafür, daß eine Variable als "meßbar" betrachtet werden kann. Die Repräsentation eines empirischen Relativs durch ein numerisches Relativ bildet die Grundlage der meisten modernen Meßtheorien. Ist eine Variable ausschließlich aufgrund dieser Repräsentation meßbar, spricht man von fundamentaler Messung. Beispiele hierfür sind Länge, Masse, Volumen, etc. Eine abgeleitete Messung hingegen liegt vor, wenn neue Meßvariablen als Funktionen der Variablen fundamentaler Messung festgelegt werden. Eine abgeleitete Messung hängt also nicht unmittelbar von einem empirischen Relativ, sondern von weiteren numerischen Relativen ab. Als Beispiel für eine abgeleitete Messung betrachte man etwa den physikalischen Begriff der Dichte, der als Quotient von Masse und Volumen definiert ist, und somit zwei fundamentale Messungen voraussetzt.

Ein erstes Hauptproblem der Meßtheorie ist das Repräsentationsproblem. Es besteht in der Angabe von Bedingungen bzw. Eigenschaften, die ein empirisches Relativ erfüllen muß, damit die Existenz einer homomorphen Abbildung vom empirischen Relativ in das numerische Relativ gesichert ist. In

der Regel wird dieses Problem durch die Formulierung eines
Repräsentationstheorems gelöst, mit welchem die Existenz
eines Homomorphismus bzw. einer Skala bewiesen wird, so-
fern das empirische Relativ bestimmte Eigenschaften erfüllt.
Diese Eigenschaften bzw. Annahmen werden in der Meßtheorie
gewöhnlich als "Axiome" angegeben. Unter einem Axiomensystem
versteht man einen Annahmenkatalog, d.h. eine endliche Menge
von Axiomen, aus denen das Repräsentationstheorem abgeleitet wird. Die Meßtheorie bemüht sich darüber hinaus um kon-
struktive Beweise der Repräsentationstheoreme: es soll nicht
nur bewiesen werden, daß eine numerische Repräsentation möglich ist, sondern es soll gleichzeitig ein Weg gewiesen werden, wie sie zu konstruieren ist. Insofern ist auch ein Ziel
der Meßtheorie, nicht nur die Überprüfung der Meßbarkeit
einer Eigenschaft zu analysieren, sondern auch praktische
Meßverfahren zu liefern.

Ein zweites Hauptproblem der Meßtheorie ist das Problem der
Eindeutigkeit der erhaltenen Skala. Denn in der Regel gibt
es zu einem speziellen Repräsentationsproblem viele Skalen,
die das angegebene Axiomensystem in gleicher Weise erfüllen,
d.h. es gibt neben v noch weitere Homomorphismen v' von
$<M,R_1,...,R_n>$ in $<N,S_1,...,S_n>$, die dem Repräsentationssatz
genügen. Aufgrund dieser Mehrdeutigkeit ist es möglich,
eine Skala in eine andere zu transformieren, ohne die Gültigkeit des Repräsentationstheorems zu verletzen. Alle
Skalen mit derselben Menge zulässiger Transformationen
faßt man zu einer Skalenart zusammen. Die Menge der zulässigen Transformationen charakterisiert grundsätzlich den
Typ der Skala. Die vier wichtigsten Skalenarten, zusammen
mit ihren zulässigen Transformationen, sind in Tab. 3.-1
aufgeführt. Die Klassifikation geht auf STEVENS (1946 bzw.
1951) zurück.

Tab. 3.-1: Die vier wichtigsten Skalenarten mit ihren zu-
           lässigen Transformationen

Skalentyp	zulässige Transformationen	Beispiele
Nominalskala	eineindeutige Funktionen	Kontonummern Geschlecht Konfession Augenfarbe

Ordinalskala	monoton steigende Funktionen	Schulnoten Mohssche Härteskala
Intervallskala	positiv-lineare Funktionen, $v'=\alpha v+\beta$ ($\alpha,\beta\in\mathbb{R},\alpha>0$)	Temperatur
Verhältnisskala	Ähnlichkeitstransformationen $v'=\alpha v$, $\alpha>0$	Länge Masse elektrischer Widerstand Preise

Gehören die Untersuchungsvariablen zum Bereich der Naturwissenschaften oder der Technik, wie etwa Länge, Masse oder
Volumen, so ist für die hier gebräuchliche Messung charak-
teristisch, daß nicht nur die zu messenden Objekte bezüglich
dieser Eigenschaft qualitativ vergleichbar sind, etwa durch
eine schwache Ordnungsrelation, sondern daß überdies im
Objektbereich eine Operation des "Zusammenfügens" (Verkettungsoperation; concatenation operation) sinnvoll ist, welche dann im numerischen Bereich durch die Addition der einzelnen Meßwerte vollzogen wird. So entsteht beispielsweise
durch Verknüpfen von zwei Strecken eine neue Strecke, deren Länge die Summe der Längen der beiden ursprünglichen
Strecken ergibt, oder man kann Gewichte aufeinanderhäufen
und erhält als Gesamtgewicht die Summe der Einzelgewichte.

(3.27) Definition

Unter einer (binären) Operation "o" versteht man eine Zuordnung, welche jedem Paar $a_1,a_2\in M$ ein Element $a_1 o a_2\in M$ zuordnet, also eine Abbildung von M×M in M.

Beispielsweise wird bei der Operation der Addition im Bereich der reellen Zahlen jedem Paar $x,y \in \mathbb{R}$ die Summe der
Zahlen $x + y$ zugeordnet.

Sei nun auf M außer einer Vergleichsrelation $\lesssim$, d.h. einer
schwachen Ordnung, auch eine Verkettungsoperation "o" de-
finiert. Man geht also aus vom empirischen Relativ $\langle M,\lesssim,o\rangle$.
Das Ziel ist jetzt, eine homomorphe Abbildung von $\langle M,\lesssim,o\rangle$
in $\langle \mathbb{R},\leq,+\rangle$ zu finden, also eine reellwertige Funktion v,
die neben

$$a_1 \lesssim a_2 \text{ gdw. (genau dann, wenn) } v(a_1) \leq v(a_2)$$

auch

$$v(a_1 \circ a_2) = v(a_1) + v(a_2)$$

erfüllt.

Eine Messung, die (neben der Vergleichsrelation) auf einer Verkettungsoperation im Objektbereich basiert, nennt man extensive Messung. Sie ist für die meisten physikalischen Merkmale typisch.

Ein wichtiger Grundgedanke der extensiven Messung besteht darin, eine wichtige Eigenschaft der reellen Zahlen auf allgemeine empirische Relative zu übertragen. Diese Eigenschaft wird meist als Archimedische Eigenschaft bezeichnet und lautet:

Sind $x, y \in \mathbb{R}$ und ist $x > 0$, so gibt es ein $n \in \mathbb{N}$ mit $nx > y$.

Gleichgültig, wie klein die positive Zahl x und wie groß die Zahl y ist, endlich viele "Kopien" von x zusammengenommen sind größer als y. Für eine Messung bedeutet dies folgendes: man wählt x als Maßeinheit und kann diese Maßeinheit mit jedem Element y vergleichen, indem man feststellt, wieviele "Kopien" der Maßeinheit x notwendig sind, um gerade y zu überschreiten.

Je kleiner die Maßeinheit x gewählt wird, umso mehr "Kopien" sind notwendig, um das zu messende Objekt y zu überschreiten. Dies steht im Zusammenhang mit der Genauigkeit der Messung und es hängt dann von der Güte des konstruierten Meßinstruments ab, bei welcher Maßeinheit x das "Überschreiten von y" gerade noch exakt angezeigt wird.

Extensive Meßstrukturen wurden bereits von HÖLDER (1901) untersucht. Er gab Bedingungen an, die notwendig und hinreichend sind für einen Isomorphismus von $\langle M, \leq, \circ \rangle$ in $\langle \mathbb{R}, \leq, + \rangle$. Darüber hinaus zeigte er, daß die konstruierten Skalen eindeutig sind bis auf Multiplikation mit einer positiven Konstanten, daß es sich also um Verhältnisskalen handelt. Allerdings sind die Forderungen des Repräsentationssatzes von HÖLDER an das empirische Relativ zu stark, denn sie gehen aus von sog. "archimedisch geordneten Gruppen". Wendet man die Gruppenaxiome beispielsweise auf die Längenmessung an, so müßte zu je-

der Strecke eine dazu "inverse" Strecke existieren, so daß die Verknüpfung der beiden Strecken die Strecke der Länge Null ergibt. In
jüngerer Zeit wurden die Axiome auf lokale und positive Halbgruppen
abgeschwächt, die für Anwendungen auf empirisch beobachtbare Relative
realistischer sind. Da hier nur ein kurzer Abriß der Meßtheorie gegeben werden kann, muß auf Einzelheiten verzichtet werden. Man vergleiche hierzu den Abschnitt 2.2 in KRANTZ et al. (1971), insbesondere Theorem 4. Der grundlegende Charakter der Arbeit von HÖLDER
bleibt jedoch auch bei der Modifikation des Axiomensystems erhalten. Für weitere Verallgemeinerungen des HÖLDERschen Satzes vergleiche man HOFFMAN (1963), ALIMOV (1950), HOLMAN (1969 und 1974) und
ROBERTS und LUCE (1968).

Lange Zeit erachteten Meßtheoretiker eine Verkettungsoperation im empirischen Bereich, wie sie eben bei extensiven
Meßstrukturen beschrieben wurde, für unerläßlich zur Gewinnung metrischer Skalen, d.h. Skalen mit mindestens Inter-
vallskalenniveau. Aus diesem Grunde hielt man insbesondere psychologische und sozialwissenschaftliche Eigenschaften
prinzipiell nicht für meßbar, zumindest nicht in dem Sinne
wie etwa in der Physik, da bei psychologischen und sozialwissenschaftlichen Eigenschaften in der Regel keine Verkettungseigenschaft im empirischen Bereich vorhanden ist. So
lassen sich beispielsweise Helligkeiten, Lautstärken oder
gar Intelligenzen nicht derart empirisch verknüpfen, daß
sich die korrespondierenden numerischen Skalenwerte addieren. Solange das Konzept der "empirischen Addition" nicht
übertragbar sei auf psychologische und sozialwissenschaftliche Variablen, so die damalige Auffassung, sei die Messung dieser Variablen durch einfache Zuordnung von Zahlen
zu den Objekten (Eigenschaftsträgern) stets subjektiv und
empirisch nicht bedeutsam. In jüngerer Zeit wurde jedoch
gezeigt, daß die Verkettungseigenschaft keineswegs eine
zwingende Voraussetzung zur Gewinnung metrischer Skalen
ist. Es wurden eine ganze Reihe von Axiomensystemen entwickelt, welche ohne die Verkettungseigenschaft im empirischen Bereich auskommen und dennoch hinreichend sind für
eine numerische Repräsentation auf einer Intervallskala.
Man vergleiche hierzu beispielsweise PFANZAGL (1959 bzw.
1971), KRISTOF (1969) oder KRANTZ et al. (1971), Kap. 4 ff.
Ein für die Anwendung in Wirtschafts- und Sozialwissenschaften besonders wichtiges Verfahren zur Gewinnung von

Intervallskalen, die additiv verbundene Messung (additive conjoint measurement), wird in KRANTZ et al. (1971), Kap. 6, ausführlich behandelt.

Zum Schluß dieses Abschnitts wird noch die vielfach gepflegte Vorgehensweise der "operationalen Definition" einer nicht direkt empirisch erfaßbaren, latenten Variablen kurz diskutiert. Im sozialwissenschaftlichen Sprachgebrauch wird in diesem Kontext häufig der etwas unscharfe Terminus "Konstrukt" verwendet. Bei der operationalen Definition einer latenten Variablen bzw. eines Konstrukts wird statt der in Frage stehenden Variablen eine andere direkt beobachtbare und leichter erfaßbare Variable gemessen, von welcher der Forscher annimmt, daß sie mit der fraglichen Eigenschaft stark korreliert. So werden beispielsweise statt Angst die Pulsfrequenzerhöhung, der psychogalvanische Hautwiderstand oder die Punktzahl in einem dafür konstruierten Test, statt sozialer Schichtzugehörigkeit die Variablen Einkommen und Beruf oder statt Lernfähigkeit die Punktzahldifferenz zwischen Vor- und Nachtest bei einem speziellen Lehrprogramm gemessen. In den Sozialwissenschaften galten Operationalisierungen von latenten Variablen (theoretischen Konstrukten) und Bestimmung von geeigneten Indikatoren für die latenten Variablen als Beginn der wissenschaftlichen Behandlung eines vorher meist nur undeutlich definierten Konzepts. Durch die Operationalisierung soll die abstrakte theoretische Vorstellung konkretisiert und der Meßvorgang erst möglich gemacht werden. Allerdings tauchte bei dieser Vorgehensweise eine neue Schwierigkeit auf: wird durch die in der operationalen Definition festgelegten Meßoperationen die nicht direkt empirisch erfaßbare Variable in ihrer inhaltlichen Bedeutung vollständig erfaßt oder haben im Extremfall die operationale Meßvorschrift und die latente Variable nichts mehr gemeinsam?

Dieses Dilemma brachte einen neuen Begriff in die wissenschaftliche Diskussion, nämlich die Validität oder Gültigkeit eines Meßverfahrens. Verbal ausgedrückt liegt Validität eines Meßverfahrens dann vor, wenn tatsächlich das Merkmal erfaßt wird, dessen Messung mit dem Verfahren beabsichtigt war. Während bei physikalischen Merkmalen die Gültigkeit eines Meßverfahrens bzw. eines konstruierten Meßin-

struments meist trivial ist, gilt dies keineswegs bei Meßverfahren für theoretische Konstrukte bzw. latente Variablen, die auf einer Operationalisierung beruhen. Diese bedürfen vielmehr einer sorgfältigen empirischen Überprüfung.
Definiert man Validität formal als Korrelation zwischen
Konstrukt und tatsächlich gemessener Variabler (construct
validity), was die theoretisch befriedigendste Konzeption
wäre, stößt man jedoch erneut auf das Problem, daß diese
Korrelation empirisch nicht berechnet bzw. geschätzt werden kann. Der Grund dafür ist klar: für die latente Variable (das Konstrukt) selbst können eben keine direkten
Meßwerte vorliegen, sondern nur die zu der Operationalisierung verwendeten Variablen und ein Korrelationskoeffi-
zient kann nicht berechnet werden. In der empirischen Sozialforschung und der psychologischen Testtheorie werden aus
diesem Grunde andere Konzeptionen von Validität eingesetzt,
wie z.B. die empirische Überprüfung eines konstruierten
Meßverfahrens durch sog. "Expertenurteile" (expert validity). Da die Expertenurteile ihrerseits nicht valide zu
sein brauchen, sagt auch eine hohe Übereinstimmung von
Meßinstrument und Expertenurteil wenig über die tatsäch-
liche Validität der Messungen aus. Auf weitere, vorwiegend
in der klassischen psychologischen Testtheorie verwendete
Konzeptionen von Validität wird an späterer Stelle eingegangen.

In allen Bereichen, in denen eine Messung von latenten Variablen durch eine Operationalisierung versucht wird, treten
große Schwierigkeiten auf, wenn die Rückübersetzung der
häufig mit komplizierten statistischen und mathematischen
Techniken verarbeiteten numerischen Meßwerte in den untersuchten Objektbereich vorgenommen werden soll. Alle derartigen Meßverfahren sind Versuche, die Struktur des Objekt-
bereichs zu ermitteln, indem sie Meßverfahren aus anderen,
meist physikalisch-naturwissenschaftlichen Bereichen auf
ein unbekanntes Gebiet, nämlich den zu untersuchenden Objektbereich, anwenden. In vielen Fällen wird damit nur
eine Scheinquantifizierung erreicht. Es wurde verkannt,
daß der Meßvorgang selbst auch Bestandteil jener Theorie
ist, welche man aufgrund der Messungen erst zu finden oder
zu erhärten hoffte (FISCHER, 1974, S. 128).

Darüber hinaus ist bei Messungen, die auf einer operationalen Definition beruhen, die Operationalisierung keineswegs von vornherein eindeutig festgelegt, sondern liegt
weitgehend im Ermessen des Forschers. So werden in der
Regel für ein und dasselbe theoretische Konstrukt eine
Vielzahl von Operationalisierungen vorgeschlagen und es
existiert kein objektives und theoretisch befriedigendes
Kriterium, um entscheiden zu können, welche der operationalen Definitionen dem Konstrukt am besten gerecht wird.
Da der Zahlenzuordnung keine abgesicherten Gesetzmäßigkeiten zugrundeliegen, spricht TORGERSON (1965, S. 22 ff)
in solchen Fällen von "vereinbarter Messung" (measurement
by fiat). Hierzu sind alle Messungen zu rechnen, die an
Indikatoren vorgenommen werden, die ihrerseits wieder
für ein theoretisches Konstrukt stehen und dieses operatio-
nalisieren sollen. Ein grundlegendes Problem der empirischen Forschung der Zukunft wird darin bestehen, statt
darauf zu vertrauen, daß die gewählten Indikatoren oder
Indices tatsächlich empirische Äquivalente der theoretisch
definierten Merkmalsdimensionen sind, eine fundamentale
Messung der Konstrukte zu versuchen.

Ein prominentes und für die Praxis folgenschweres Beispiel
für "measurement by fiat" liefert die klassische psychologische Testtheorie. Die "Messung" von Persönlichkeitseigen-
schaften oder Fähigkeiten geschieht heute in vermehrtem
Maße durch psychologische Tests. Diese geben vor, Meßinstrumente für psychische Zustände oder kognitive und kör-
perliche Fähigkeiten zu sein. Das klassische "true score"-
Modell setzt

$$X = T + E \quad \text{bzw.} \quad T = X - E \, ,$$

d.h. der "wahre" Testwert τ einer Person, also beispielsweise die "wahre" Intelligenz einer Person zum Zeitpunkt
der Testvorgabe, wird gleich dem im Test beobachteten Punktwert x gesetzt, welcher allerdings von einem "Fehlerterm"
e additiv überlagert sein kann. Dennoch wird im wesentlichen
der "wahre" Wert, d.h. die Ausprägung der latenten Variablen, definitionsgemäß gleich dem beobachteten Testwert gesetzt. Die nicht direkt empirisch erfaßbare Eigenschaft "Intelligenz" wird durch die Variable "Punktwert im Intelli-

genztest" operationalisiert und BORINGs kritische Feststellung "Intelligenz ist das, was ein Intelligenztest mißt"
besitzt durchaus Gültigkeit.

Durch die Festlegung der möglichen Punktwerte eines Tests
wird lediglich ein numerisches Relativ festgelegt. Es fehlt
jedoch die systematische Untersuchung des empirischen Ob-
jektbereichs mit den empirischen Relationen. Somit ist keineswegs klar, welche der auf dem numerischen Relativ definierten Relationen eine Entsprechung im Objektbereich, d.h.
im empirischen Relativ, besitzen. Man weiß also nicht, ob
zwei Personen mit der gleichen Anzahl gelöster Testitems
hinsichtlich ihrer Intelligenz tatsächlich als gleich anzusehen sind. Durch die herkömmlichen Intelligenztests wird
das theoretische Konstrukt lediglich operationalisiert und
man muß darauf vertrauen, daß mit dem konstruierten Meßinstrument, dem Intelligenztest, das Konstrukt auch tatsächlich gemessen wird. Eine exakte Überprüfung der Konstrukt-
validität ist aus den oben genannten Gründen wiederum nicht
möglich; die Schwierigkeiten einer wenigstens teilweisen
empirischen Überprüfung beschreiben z.B. CRONBACH und MEEHL
(1955) oder CAMPBELL und FISKE (1959). Durch die Einführung des Konzepts der "Paralleltests" (vgl. LORD und NOVICK,
1968, S. 47-50) versuchte man, die Korrelation zwischen
theoretischem Konstrukt und Test auf die Korrelation zwischen zwei beobachtbaren Größen, den Paralleltests, zu-
rückzuführen. Paralleltests sind dadurch gekennzeichnet,
daß sie dasselbe theoretische Konstrukt "gleich gut" messen sollen, d.h. die Varianz der Fehlervariablen soll bei
beiden Tests gleich sein. Allerdings wird dabei das Problem nur auf eine andere Ebene verlagert, nämlich auf die
Konstruktion von Parallelformen eines Tests. In der Praxis
wird dabei meist sorglos verfahren und allzu leichtfertig
werden zwei Testformen als Paralleltests interpretiert.

Einen partiellen Ausweg aus dem Dilemma scheint der Über-
gang zur Kriteriums- oder Vorhersagevalidität zu liefern.
Darunter versteht man die Korrelation der Testwerte mit
den Werten einer Kriteriumsvariablen, etwa Schulleistung,
Berufserfolg, Vorgesetztenbeurteilung, später erzieltes
Einkommen, etc. Diese Vorgehensweise vermischt das theoretische Anliegen (Zusammenhang zwischen latenter Variab-

ler und Testleistung) mit der Thematik der angewandten
Psychologie, um bei praktischen Anwendungen wenigstens die
Brauchbarkeit des Tests als Vorhersageinstrument zu bestimmen. Sind die Kriteriumsvariablen nur unter sehr großem
Aufwand oder mit großer zeitlicher Verzögerung verfügbar
(z.B. Studienerfolg bei Zulassungstests), können derartige als Prädiktorvariablen verwendete Meßinstrumente, etwa
in einem multiplen Regressionsansatz, durchaus ihren Zweck
erfüllen. Allerdings sind geeignete Kriterien meist schwer
zu ermitteln. Sie werden in der Regel ebenfalls operatio-
nal definiert und weisen in meßtheoretischer Hinsicht
kaum weniger Mängel als die Tests selbst auf, so daß auch
diese Strategie in vielen Fällen wenig erfolgversprechend
ist.

Weiterführende Literatur:

Campbell (1927), Domotor (1972), Ellis (1966), Krantz, Luce,
Suppes, Tversky (1971), Orth (1974), Pfanzagl (1971).

3.4.2 Elementare Wahrscheinlichkeitsrechnung

Man kennt sowohl in der wissenschaftlichen Forschung als
auch im täglichen Leben Vorgänge, die wiederholt unter
einem konstanten Komplex von Bedingungen ablaufen, ohne
durch diesen bereits vollständig determiniert zu sein. So
regulieren wir unser Verhalten im täglichen Leben nicht
nach "Wahrheiten", sondern nach einem komplizierten System
von "Überzeugungen", die wir für mehr oder weniger wahrscheinlich bzw. sicher halten. Solche Überzeugungen sind
ein wichtiger Bestandteil unseres Alltags, wir machen uns
laufend Gedanken über mögliche Ereignisse und ihre poten-
tiellen Auswirkungen für uns. "Wie gefährlich ist Rauchen?
Soll man Sicherheitsgurte im Auto verwenden oder nicht?
Wieviel Risiko enthalten Atomkraftwerke? Welche Nebenwir-
kungen haben bestimmte Medikamente?, etc." Wir setzen also
stets ein gewisses Vertrauen in das Eintreffen von bestimmten Ereignissen, können aber nie sicher sein, daß sie auch
tatsächlich realisiert werden. Die Entscheidungen, die wir
im täglichen Leben und auf sozialer und politischer Ebene
zu treffen haben, verlangen von uns immer mehr die Fähigkeit, unterschiedlich wahrscheinliche Vorgänge und Daten zu

verstehen und Schlüsse daraus ziehen zu können. Wer gelernt
hat, mit Wahrscheinlichkeiten und statistischen Daten um-
zugehen, dessen individuelles Urteilsvermögen wird gestärkt
und er ist in der Lage, Risiken und Konsequenzen besser
einzuschätzen, und er kann Kosten und Nutzen von neuen
Technologien oder politischen Entscheidungen besser ab-
wägen (NISBETT und ROSS, 1980).

Betrachten wir ein weiteres Beispiel: In einem Laborexperi-
ment wird eine Ratte mehrmals durch ein T-Labyrinth ge-
schickt und es wird jeweils registriert, welchen Gang des
T-Labyrinths die Ratte wählt. Auch für diesen Laborversuch
ist typisch, daß bei Kenntnis der experimentellen Anord-
nung allein nicht eindeutig prognostiziert werden kann,
welches Ergebnis eintritt. Es läßt sich lediglich angeben,
welche Resultate möglich sind.

Ähnliche Feststellungen lassen sich auch generell bei empirischen Untersuchungen im wissenschaftlichen Forschungs-
prozeß machen. Jede Erfahrungswissenschaft stellt ihrem
Wesen nach ein System von in sich und untereinander wider-
spruchsfreien Aussagen oder Theoremen über ihren Forschungsgegenstand dar, deren Gültigkeit nach festgelegten Methoden am Forschungsgegenstand selbst überprüfbar sein muß,
sollen die Theoreme nicht "rein abstrakter" Natur sein.
Diese empirische Überprüfung kann in der Regel nur an
Stichproben erfolgen. Dabei ist darauf zu achten, daß
keine systematischen Auswahlfaktoren die Selektion beein-
flussen, daß also reine Zufallsstichproben verwendet werden. Aber auch dann kann nicht mit Sicherheit vorhergesagt werden, welche Individuen bzw. Objekte in die Zufallsauswahl gelangen. Aus diesem Grunde kann niemals absolute
Sicherheit bei Entscheidungen erreicht werden, die auf
Stichproben basieren.

Aus den vorangegangenen Ausführungen erkennt man, daß bei
vielen sozialwissenschaftlichen Prozessen eine gewisse
Unsicherheit einzukalkulieren ist und deshalb lediglich
Wahrscheinlichkeitsaussagen möglich sind. Im täglichen
Sprachgebrauch wird der Begriff "wahrscheinlich" häufig
recht unqualifiziert verwendet. Die Wissenschaft versucht
den vagen Begriff "Wahrscheinlichkeit" zu konkretisieren

und mittels eines exakten mathematischen Begriffs "Wahrscheinlichkeit" zu erfassen. Dabei ist die Wahrscheinlichkeitstheorie als mathematische Disziplin ihrem Wesen nach
zunächst nicht an einer praktischen Anwendung ihrer Resultate interessiert. Vielmehr sieht sie ihr Hauptanliegen
in der Axiomatisierung des Wahrscheinlichkeitsbegriffs
und den aus diesen Axiomen abgeleiteten Theoremen. Dabei
liegen die Akzente auf möglichst einfachen Axiomen, die
darüber hinaus so gewählt werden, daß sie bei geeigneter
Interpretation empirische Sachverhalte wiedergeben und
ihre Ergebnisse in außermathematischen Bereichen angewen-
det werden können (SCHMETTERER, 1966, S.28).

Die Wahrscheinlichkeitstheorie bildet die Grundlage der
statistischen Schätz- und Testverfahren. Während sie als
deduktive Theorie keine Aussagen darüber macht, welche
expliziten numerischen Werte ein "Wahrscheinlichkeitsmaß"
für bestimmte zufällige Ereignisse annimmt, wurden in der
mathematischen Statistik Verfahren entwickelt, die es ermöglichen, anhand der empirisch vorliegenden Beobachtungen
unbekannte Parameter und Wahrscheinlichkeiten zu schätzen
oder hypothetische Wahrscheinlichkeitsverteilungen zu te-
sten.

Die erkenntnistheoretischen Grundlagen der Wahrscheinlichkeitstheorie sind bis heute umstritten. So geht die objek-
tivistische Auffassung davon aus, daß zufällige Ereignisse
eine bestimmte Wahrscheinlichkeit "besitzen", etwa wie
ein Körper eine bestimmte Temperatur besitzt. Es können
nur Wahrscheinlichkeiten für solche Zufallsvorgänge betrachtet werden, die zumindest potentiell beliebig oft
wiederholbar sind. Man versucht die Wahrscheinlichkeit
durch die relative Häufigkeit zu "messen", mit der das
Ereignis in einer langen Versuchsreihe auftritt.

Demgegenüber wird bei der subjektivistischen Auffassung
den Ereignissen durch den jeweiligen Betrachter eine Wahrscheinlichkeit zugeordnet, die seinen Grad der Überzeugung hinsichtlich des Eintreffens der Ereignisse zum Ausdruck bringt. Die Wahrscheinlichkeit eines Ereignisses
wird durch sog. "Wett-Quotienten" zu messen versucht.

Sowohl im objektivistischen als auch im subjektivistischen
Sinn werden Wahrscheinlichkeiten Ereignissen zugeordnet,
deren Eintreten nicht mit Sicherheit prognostizierbar ist.
Ob ein Ereignis eingetreten ist oder nicht, ist das Resultat eines Zufallsvorgangs oder eines Zufallsexperiments.

(3.28) Definition

(1) Vorgänge, die (real oder hypothetisch) unter einem
    konstanten Komplex äußerer Bedingungen wiederholbar
    sind und deren Resultat nicht präzise vorhergesagt
    werden kann, heißen Zufallsvorgänge.

(2) Die Zusammenfassung aller möglichen Ergebnisse (Reali-
    sationen) eines Zufallsvorgangs nennt man Ergebnis-
    menge oder Ergebnisraum Ω. Die Ergebnisse (Elementar-
    ereignisse) werden mit ω bezeichnet.

(3) Teilmengen der Ergebnismenge Ω heißen zufällige Er-
    eignisse oder Ereignisse. Sie werden mit lateinischen
    Großbuchstaben bezeichnet. Auch Ω selbst (sicheres
    Ereignis) und die leere Menge Ø (unmögliches Ereignis)
    werden hinzugenommen.

Der Ausdruck "Zufallsvorgang" ist dabei in einem umfassen-
den Sinn zu interpretieren. Als "Experimentator" kann
nicht nur der Mensch, sondern auch die Natur bzw. die Umwelt im weitesten Sinn auftreten. So werden z.B. auch das
Eintreten der Ereignisse "Morgen wird es regnen" oder
"Person a löst Testaufgabe b" als vom Zufall beeinflußt
und somit abhängig vom Ausgang eines "Zufallsexperiments"
betrachtet. Immer wenn Ungewißheit über den Ausgang eines
Geschehens herrscht, handelt es sich um einen Zufallsvorgang. Dabei ist es unerheblich, ob diese Ungewißheit ob-
jektiver oder subjektiver Natur ist und ob sie durch Be-
schaffung zusätzlicher Informationen oder Erkenntnisse
(Kenntnis von Gesetzmäßigkeiten) gänzlich oder partiell
behebbar ist. Demzufolge wird es hier mehr als eine prag-
matisch- als eine erkenntnistheoretische Frage angesehen,
ob ein Vorgang deterministisch oder stochastisch ist.

In der folgenden Definition werden die für Anwendungen der

Wahrscheinlichkeitstheorie relevanten Ereignisse bzw. die
Verknüpfung von Ereignissen erörtert.

(3.29) <u>Definition</u>

(1) Tritt ein Ereignis A nicht ein, so sagt man, das kom-
    plementäre Ereignis $\bar{A}$ ist eingetroffen.

$$\bar{A} = \{\omega \in \Omega \mid \omega \notin A\}$$

(2) Das Ereignis, das genau dann eintritt, wenn <u>sowohl</u> A
    <u>als auch</u> B eintreffen, heißt der Durchschnitt der Er-
    eignisse A und B.

$$A \cap B = \{\omega \in \Omega \mid \omega \in A \wedge \omega \in B\}$$

(3) Das Ereignis, das genau alle Ergebnisse enthält, die
    zu irgendeinem der Ereignisse A und B gehören, heißt
    Vereinigung der Ereignisse A und B

$$A \cup B = \{\omega \in \Omega \mid \omega \in A \vee \omega \in B\}$$

(4) Die Verknüpfungen (2) und (3) lassen sich ohne Schwie-
    rigkeiten auf beliebig viele Ereignisse erweitern. Sei
    $I \subseteq \mathbb{N}$ eine Indexmenge, dann definiert man:

$$\bigcap_{i \in I} A_i := \{\omega \in \Omega \mid \omega \in A_i \text{ für alle } i \in I\}$$

$$\bigcup_{i \in I} A_i := \{\omega \in \Omega \mid \omega \in A_i \text{ für mindestens} \\ \text{ein } i \in I\}$$

<u>Damit ist die mathematische Behandlung der zufälligen
Ereignisse gänzlich in die Mengenlehre eingebettet.
Demnach gelten für die Verknüpfung von Ereignissen alle entsprechenden Gesetze der Mengenlehre von Abschnitt
3.2, etwa Kommutativ-, Assoziativ- und Distributivgesetz.</u>

> Jedes Ereignis A eines Zufallsvorgangs ist durch die
> in A enthaltenen Elementarereignisse beschreibbar:
> A tritt genau dann ein, wenn eines der in A enthal-
> tenen Elementarereignisse eintritt. Damit wird die
> Isomorphie zwischen Operationen mit Ereignissen und
> Operationen mit Mengen vollends deutlich.

Beispiel:

Beim Ausspielen eines Würfels ist das Ereignis A = {2,4,6}
durch die Elementarereignisse 2,4 und 6 festgelegt. Wür-
felt man z.B. eine Sechs, so ist damit das Ereignis
A = {gerade Zahl} eingetreten.

(3.30) **Definition**

Existiert kein Ergebnis des Zufallsvorgangs, das sowohl
zu A als auch zu B gehört, so heißen die Ereignisse A und
B **disjunkt** (unvereinbar; sich gegenseitig ausschließend).

$$A \cap B = \emptyset$$

Beispiele:

(1) Einmaliges Ausspielen eines Würfels
    Das Zufallsexperiment besteht aus dem einmaligen Werfen
    eines (symmetrischen und homogenen) Würfels. Die Ergeb-
    nismenge Ω symbolisiert die möglichen Augenzahlen 1
    bis 6, also

$$\Omega = \{1,2,3,4,5,6\}.$$
$$\text{Sei } A = \{2,4,6\} \quad (\text{"gerade Zahl"}).$$

Dann ist

$$\bar{A} = \{1,3,5\} \quad (\text{"ungerade Zahl"}).$$

$$\text{Seien } A = \{2,4,6\} \quad \text{und}$$
$$B = \{4,5,6\} \quad (\text{"Zahl größer als 3"}).$$

Dann sind

$$A \cap B = \{4,6\} \text{ und } A \cup B = \{2,4,5,6\}.$$

(2) Gegeben seien die drei Testaufgaben I,II und III. Es werden die folgenden Ereignisse definiert:

A_1 : "Vp löst Aufgabe I"
A_2 : "Vp löst Aufgabe II"
A_3 : "Vp löst Aufgabe III"

Dann ergibt sich das zusammengesetzte Ereignis B : "Vp löst alle drei Aufgaben" in der mengentheoretischen Terminologie zu

$$B = A_1 \cap A_2 \cap A_3$$

und für das Ereignis C : "Vp löst mindestens zwei Testaufgaben" resultiert:

$$C = (A_1 \cap A_2 \cap \bar{A}_3) \cup (A_1 \cap \bar{A}_2 \cap A_3) \cup (\bar{A}_1 \cap A_2 \cap A_3) \cup (A_1 \cap A_2 \cap A_3)$$

Dabei steht $A_1 \cap A_2 \cap \bar{A}_3$ für: Vp löst die Aufgaben I und II, aber nicht Aufgabe III, $A_1 \cap \bar{A}_2 \cap A_3$ bedeutet: Vp löst die Aufgaben I und III, aber nicht Aufgabe II, und schließlich beinhaltet $\bar{A}_1 \cap A_2 \cap A_3$: Vp löst die Aufgaben II und III, aber nicht Aufgabe I. Die Vereinigung dieser drei Ereignisse mit B ergibt das Ereignis C.

Die Wahrscheinlichkeit soll eine quantitative Kenngröße für den "Grad der Sicherheit" des Eintreffens eines zufälligen Ereignisses sein. Demnach versucht die Wahrscheinlichkeitstheorie, jedem Ereignis A eine Zahl P(A), die Wahrscheinlichkeit des Ereignisses A, zuzuordnen. Die Wahrscheinlichkeit ist also eine Funktion, die im Gegensatz zu den aus der Schulmathematik bekannten Funktionen jeder Menge eine Zahl zuordnet und somit auf einem System von Mengen bzw. einem Ereignissystem definiert ist. Sie ist eine Mengenfunktion.

In der Wahrscheinlichkeitstheorie werden nur bestimmte Mengensysteme betrachtet.

Besteht die Ergebnismenge Ω eines Zufallsvorgangs aus

endlich vielen oder abzählbar unendlich vielen[*] Elementen, so
kann ohne weiteres jede Teilmenge von Ω als Ereignis aufgefaßt werden. Der Definitonsbereich der festzulegenden Mengenfunktion, der gesuchten Wahrscheinlichkeit, ist in einem
solchen Fall die Potenzmenge $\mathbb{P}(\Omega)$.

Im Verlauf der Entwicklung der Wahrscheinlichkeitstheorie
und insbesondere ihrer Anwendungen bei statistischen Aus-
wertungen zeigte sich bald, daß es eine zu starke Ein-
schränkung ist, nur endliche oder abzählbare Ergebnismengen Ω zu betrachten, obwohl natürlich jedes reale Experiment mit endlicher Versuchsdauer bzw. alle realen Zufallsvorgänge immer nur endlich viele Ergebnisse haben können,
da auch mit den besten Meßgeräten nur eine endliche Anzahl
von Ausprägungen registriert werden können. Man bevorzugt
deshalb eine "idealisierende" Vorgehensweise, bei der der
Ablauf der Vorgänge und ihrer Resultate nicht durch die
"Unzulänglichkeit des Experimentators bzw. Beobachters
und seiner Meßgeräte" beeinträchtigt werden soll. Dies
bringt insbesondere für die mathematische Darstellungsweise erhebliche Vorteile.

Besitzt Ω überabzählbar viele Elemente (wie z.B. $\mathbb{R}$), dann ist die
Potenzmenge gewissermaßen "zu groß", d.h. sie enthält "zu viele"
Elemente. In solchen Fällen existiert nur für ganz spezielle Fälle, die
für praktische Anwendungen nicht mehr ausreichen, eine für jede Teilmenge
definierte Mengenfunktion mit den Eigenschaften, die man sinnvollerweise
an eine Wahrscheinlichkeit stellt (siehe Axiome 1 bis 3 in Def. (3.33)).
In der Tat läßt sich zeigen (Satz von Ulam), daß Wahrscheinlichkeiten,
die auf $\mathbb{P}(\Omega)$ erklärt sind, notwendig "diskret" sind, d.h. einer ab-
zählbaren Menge von Ergebnissen die gesamte Wahrscheinlichkeit zuordnen.

Aus diesem Grunde werden in der Wahrscheinlichkeitstheorie
die betrachteten Ereignissysteme auf die Struktur von sog.
"σ-Algebren" eingeschränkt.

---

[*] Eine Menge besitzt abzählbar unendlich viele Elemente,
wenn sie umkehrbar eindeutig auf die Menge der natürlichen Zahlen abgebildet werden kann. Mengen, die nicht
abzählbar sind, werden überabzählbar genannt.

(3.31) Definition

Ein nichtleeres Mengensystem $\mathbf{A} \subset \mathbf{P}(\Omega)$ heißt σ-Algebra über Ω, wenn gilt:

(1) Aus $A \in \mathbf{A}$ folgt $\overline{A} \in \mathbf{A}$.
(2) Sind $A_i \in \mathbf{A}$, $i \in I \subseteq \mathbf{N}$, so ist $\underset{i \in I}{\cup} A_i \in \mathbf{A}$.

Aus Definition (3.31) läßt sich ohne Schwierigkeit folgern, daß auch das "sichere Ereignis" Ω und das "unmögliche Ereignis" $\emptyset$ zu $\mathbf{A}$ gehören. Ferner läßt sich zeigen (mit Hilfe der deMorgan'schen Regeln), daß in dem Fall, wenn bestimmte Ereignisse A_i, $i \in I \subseteq \mathbf{N}$, zum Mengensystem $\mathbf{A}$ gehören, dann auch das "gleichzeitige Ereignis" $\underset{i \in I}{\cap} A_i$ zu $\mathbf{A}$ gehört. Man beachte, daß die Indexmenge I eine beliebige Teilmenge der natürlichen Zahlen sein kann. In Definition (3.31) wird demnach gefordert, daß nicht nur Vereinigung und Durchschnitt von je zwei Teilmengen der Ergebnismenge Ω, sondern gegebenenfalls sogar von abzählbar unendlich vielen Teilmengen wieder zu $\mathbf{A}$ gehören sollen. Diese Forderung erweist sich für die axiomatische Definition der Wahrscheinlichkeit als unerläßlich (Totaladdivität der Wahrscheinlichkeit).

Selbstverständlich ist die Potenzmenge $\mathbf{P}(\Omega)$ einer Ergebnismenge Ω immer eine σ-Algebra, denn sie enthält ja alle Teilmengen von Ω. Diese σ-Algebra kann immer dann verwendet werden, wenn Ω nur endlich viele oder höchstens abzählbar unendlich viele Ergebnisse besitzt.

Beispiel: Werfen einer Münze

$$\Omega = \{ \text{Kopf}(K), \text{Wappen}(W) \}$$
$$\mathbf{P}(\Omega) = \{ \emptyset, \{K\}, \{W\}, \Omega \}$$

Hingegen besteht die Potenzmenge beim Würfelexperiment (einmaliges Ausspielen eines Würfels) bereits aus $2^6 = 64$ Elementen.

Von besonderem Interesse für überabzählbare Ergebnismengen ist die Menge der reellen Zahlen oder ein Teilbereich von $\mathbf{R}$.

Praktisch bedeutsam sind hier spezielle Teilmengen von ℝ, die <u>Intervalle</u>, denn man möchte in vielen Fällen wissen, wie groß die Wahrscheinlichkeit ist, daß ein Ergebnis zwischen zwei Grenzen a und b auftritt.

(3.32) <u>Definition</u>

Seien a und b zwei reelle Zahlen mit a < b. Dann erklärt man die <u>endlichen Intervalle</u> wie folgt:

[a,b] : = {x ∈ ℝ | a ≤ x ≤ b} abgeschlossenes Intervall
[a,b) : = {x ∈ ℝ | a ≤ x < b} nach rechts halboffenes Intervall
(a,b] : = {x ∈ ℝ | a < x ≤ b} nach links halboffenes Intervall
(a,b) : = {x ∈ ℝ | a < x < b} offenes Intervall

und analog die entsprechenden <u>unendlichen Intervalle</u>

[a,∞), (-∞,a], (a,∞), (-∞,a) und (-∞,∞).

Intervalle sind also Teilmengen der reellen Zahlen. Durch folgende Überlegung gelangt man zu einer graphischen Veranschaulichung der Intervalle: die reellen Zahlen lassen sich durch die Punkte einer Geraden - der sog. <u>Zahlengeraden</u> (man vergleiche Kap. 2) - derart darstellen, daß jedem Punkt der Geraden genau eine reelle Zahl entspricht und umgekehrt jede reelle Zahl durch einen Punkt auf der Geraden charakterisiert wird. Eine reelle Zahl a ist genau dann kleiner als eine reelle Zahl b, wenn der zugehörige Punkt a links vom Punkt b liegt. Ein Intervall hat dann beispielsweise folgende Form:

Je nachdem, ob die Randpunkte a und b noch zum Intervall gehören, ergeben sich abgeschlossene, offene oder halboffene Intervalle.

In der Wahrscheinlichkeitstheorie betrachtet man bei Ω = ℝ vor allem solche Ereignissysteme, die neben anderen Teilmengen jeweils sämtliche Intervalle enthalten, insbesondere im Hinblick auf Anwendungen in der Statistik. Unter diesen σ-Algebren, die jeweils das System der Intervalle umfassen, gibt es eine kleinste σ-Algebra. Sie wird Borel'sche σ-Algebra bzw. σ-Algebra der Borel-Mengen genannt. Die Borel'sche σ-Algebra ist für praktische Anwendungen umfassend genug und andererseits sind auf ihr noch Wahrscheinlichkeitsmaße definierbar.

Das Axiomensystem von Kolmogorov

Betrachtet wird ein Zufallsvorgang mit einer Ergebnismenge Ω und einer σ-Algebra **A** von Teilmengen von Ω, den Ereignissen.

(3.33) Definition

Eine Mengenfunktion P, die jedem Element A des Mengensystems **A** eine reelle Zahl P(A) zuordnet, heißt Wahrscheinlichkeitsmaß und P(A) die Wahrscheinlichkeit des Ereignisses A, genau dann, wenn gilt:

Axiom 1: $P(A) \geq 0$ für alle $A \in$ **A**

Axiom 2: $P(\Omega) = 1$

Axiom 3: Für je endlich viele oder abzählbar unendlich viele Ereignisse A_i, $i \in I \subseteq \mathbb{N}$, die paarweise disjunkt sind ($A_i \cap A_j = \emptyset$ für $i \neq j$), gilt:

$$P(\bigcup_{i \in I} A_i) = \sum_{i \in I} P(A_i)$$

Das wahrscheinlichkeitstheoretische Modell zur Beschreibung eines Zufallsvorgangs besteht also insgesamt aus drei Bestandteilen:

1. Eine Grundmenge Ω mit den Ergebnissen $\omega \in \Omega$.
2. Eine nichtleere Gesamtheit von Teilmengen von Ω, eine σ-Algebra **A**, deren Elemente Ereignisse heißen.
3. Eine "totaladditive" Abbildung P : **A** → [0,1] mit $P(\emptyset) = 0$ und $P(\Omega) = 1$.

Man nennt das Tripel $(\Omega, \mathbf{A}, P)$ einen Wahrscheinlichkeitsraum.

Man beachte, daß durch die Axiome von Kolmogorov der Begriff des Wahrscheinlichkeitsmaßes lediglich <u>implizit</u> definiert wird. Numerische Werte für die Wahrscheinlichkeiten der verschiedenen Ereignisse können im allgemeinen daraus noch nicht berechnet werden.

Das Axiom 3, den "Additionssatz der Wahrscheinlichkeit", kann man sich folgendermaßen plausibel machen: Man geht aus von einem Zufallsexperiment und den sich gegenseitig ausschließenden zufälligen Ereignissen A und B. Wird nun das Zufallsexperiment n-mal "unabhängig wiederholt" und bildet man die relativen Häufigkeiten $h_A^{(n)} = n_A/n$ und $h_B^{(n)} = n_B/n$ des Eintreffens der Ereignisse A und B, so scheinen diese relativen Häufigkeiten in langen Beobachtungsreihen gegen Zahlen P(A) bzw. P(B) zu "konvergieren". Ist nun $A \cap B = \emptyset$; so ist $n_{A \cup B} = n_A + n_B$ und demnach $h_{A \cup B}^{(n)} = h_A^{(n)} + h_B^{(n)}$. Genau dies wird in Axiom 3 für die zugehörigen Wahrscheinlichkeiten gefordert.

Die oben angesprochene Konvergenz der relativen Häufigkeiten läßt sich mit dem in Definition (3.33) eingeführten Wahrscheinlichkeitsbegriff auch beweisen. Es handelt sich dabei um das "Gesetz der großen Zahl". Allerdings gilt die Konvergenz nicht im üblichen mathematischen Sinne, sondern nur "nach Wahrscheinlichkeit" (bzw. "mit Wahrscheinlichkeit 1").

Aus den Axiomen der Wahrscheinlichkeitsrechnung lassen sich einige einfache Folgerungen ableiten. Es gilt:

(3.34) $P(\bar{A}) = 1 - P(A)$

(3.35) $P(\emptyset) = 0$

(3.36) $P(A \cup B) = P(A) + P(B) - P(A \cap B)$

       (Additionssatz für zwei beliebige Ereignisse)

Man beachte, daß in (3.36) nicht von disjunkten Ereignissen die Rede ist. Ist $A \cap B = \emptyset$, so gilt nach Axiom 3 der Spezialfall

$$P(A \cup B) = P(A) + P(B).$$

Eine wichtige Möglichkeit zur konkreten Berechnung von Wahrscheinlichkeiten bilden die sog. "Laplace-Experimente".

(3.37) <u>Definition</u>

Sei $\Omega = \{\omega_1, \ldots, \omega_n\}$, $\mathbf{A} = \mathbf{P}(\Omega)$, $P(\{\omega_i\}) = \frac{1}{n}$ für $1, \ldots, n$,
d.h. alle Elementarereignisse sind gleichwahrscheinlich,
so heißt der Wahrscheinlichkeitsraum $(\Omega, \mathbf{A}, P)$ ein <u>Laplace-
Experiment</u>.

(3.38) <u>Satz</u>

Für Laplace-Experimente gilt für beliebige Ereignisse $A \subset \Omega$:

$$P(A) = \frac{\text{Anzahl der für A günstigen Ergebnisse}}{\text{Anzahl aller (möglichen) Ergebnisse}}$$

<u>Beispiel:</u>

Ausspielen eines Würfels, $\Omega = \{1, 2, 3, 4, 5, 6\}$.
Sei $A = \{2, 4, 6\}$ ("gerade Zahl"), dann sind aus Ω genau drei
Ergebnisse (Elementarereignisse) günstig für A, nämlich
gerade die Augenzahlen 2,4 und 6 und $P(A)$ ist 1/2.

<u>Bedingte Wahrscheinlichkeiten und stochastisch unabhängige
Ereignisse</u>

Bisher bildete stets ein Wahrscheinlichkeitsraum mit der
Ergebnismenge Ω und einem aus Teilmengen von Ω definierten
Ereignissystem den Ausgangspunkt. Jetzt wird das Problem
behandelt, ob eine zusätzliche Information über den Zufallsvorgang die Wahrscheinlichkeiten für die Ereignisse $A \in \mathbf{A}$
verändert. Dabei wird angenommen, daß ein bestimmtes Ereignis $B \subset \Omega$ eingetreten ist $(P(B) > 0)$. Man weiß also, daß
für die weiteren Überlegungen die Ergebnisse ω aus $\bar{B}$ ohne
Belang sind, da mit Sicherheit eines der Ergebnisse aus B
eingetreten ist oder anders ausgedrückt: auf dieser Ebene
der Betrachtung liegt ein reduzierter Wahrscheinlichkeitsraum mit der Grundmenge $B \subset \Omega$ zugrunde und das Problem lautet:

Wie ändert sich die Wahrscheinlichkeit für ein beliebiges
Ereignis A, wenn das Ereignis B eingetreten ist?

Diese "neue" Wahrscheinlichkeit von A heißt "bedingte Wahr-

scheinlichkeit von A unter der Bedingung, daß das Ereignis
B eingetreten ist" und wird mit P(A|B) bezeichnet.

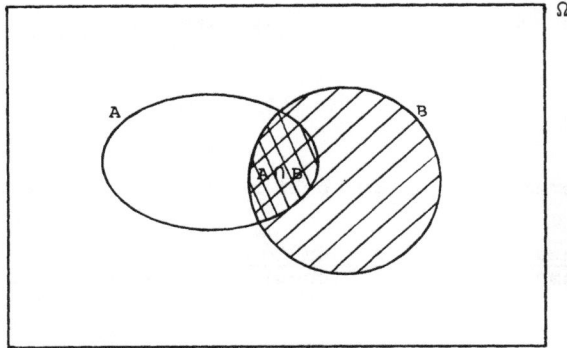

Weiß man, daß das Ereignis B eingetreten ist, so sind bei
der Ermittlung der Wahrscheinlichkeit von A nur noch diejenigen Ergebnisse von A in Betracht zu ziehen, die auch
in B enthalten sind. Dies ist gerade die Menge A ∩ B. Des-
halb ist naheliegend, die bedingte Wahrscheinlichkeit P(A|B)
als den Anteil an der Wahrscheinlichkeit P(B) zu definieren,
der durch P(A∩B) repräsentiert wird.

(3.39) Definition

Sei (Ω,A,P) ein Wahrscheinlichkeitsraum und P(B) > O. Dann
ist

$$P(A|B) := \frac{P(A \cap B)}{P(B)} \qquad \text{für } A \in \mathbf{A}$$

die bedingte Wahrscheinlichkeit von A unter der Bedingung,
daß das Ereignis B eingetreten ist.

Beispiel:

Ein 15-köpfiges Gremium einer Firma besteht aus 10 Angestellten und 5 Arbeitern. Von den Angestellten sind
5 Männer und 5 Frauen, von den Arbeitern sind 3 männlich
und 2 weiblich. Aus dem Gremium soll eine Person zufällig
ausgewählt werden (z.B. per Losverfahren). Es werden die
folgenden Ereignisse definiert:

A: "Die gewählte Person ist ein Mann".

B: "Die gewählte Person ist ein Angestellter bzw. eine Angestellte".

Wie groß ist P(A)?

Bei der Zufallsauswahl besitzt jedes Mitglied des Gremiums dieselbe Chance, ausgewählt zu werden. Nach der Laplace'schen Formel in Satz (3.38) gilt:

$$P(A) = \frac{8}{15} .$$

Nun erhält man die Zusatzinformation, daß die ausgewählte Person in einem Angestelltenverhältnis steht. Verändert sich aufgrund dieser zusätzlichen Information die Wahrscheinlichkeit für A, daß ein männliches Mitglied des Gremiums ausgewählt wurde? Dazu wird die bedingte Wahrscheinlichkeit P(A|B) ermittelt.

Von den 15 Personen des Gremiums sind 5 gleichzeitig männlichen Geschlechts und Angestellte. A ∩ B enthält also 5 Resultate des Zufallsvorgangs und

$$P(A \cap B) = \frac{5}{15} .$$

Auf dieselbe Weise erhält man

$$P(B) = \frac{10}{15}$$

und daraus

$$P(A|B) = \frac{\frac{5}{15}}{\frac{10}{15}} = \frac{1}{2}.$$

In diesem Fall nimmt also die Wahrscheinlichkeit von A (ausgewählte Person ist ein Mann) durch die Zusatzinformation, daß B eingetreten ist (ausgewählte Person steht im Angestelltenverhältnis), ab. Auch das Gegenteil ist möglich. In einigen Fällen bleibt die Wahrscheinlichkeit von A unverändert, d.h. die sichere Kenntnis des Eintreffens des Ereignisses B besitzt keinen Einfluß auf das Eintreffen des Ereignisses A. In solchen Fällen heißen die Ereignisse A und B <u>stochastisch unabhängig</u>. Hier ist die be-

dingte Wahrscheinlichkeit $P(A|B)$ gleich der unbedingten
Wahrscheinlichkeit, bei der keine Information über das
Ereignis B verfügbar ist, also

$$P(A|B) = P(A).$$

Dies ist gleichbedeutend mit

$$P(A \cap B) = P(A) \cdot P(B).$$

Die letzte Beziehung, der <u>Multiplikationssatz für unabhängige Ereignisse</u>, wird in der Regel als Definition der
stochastischen Unabhängigkeit zweier Ereignisse verwendet.

(3.40) <u>Definition</u>

(a) Zwei Ereignisse A und B heißen <u>(stochastisch) unab-
    hängig</u>, wenn gilt

$$P(A \cap B) = P(A) \cdot P(B).$$

(b) Die Ereignisse $A_1, \ldots, A_n$ heißen <u>(stochastisch) unab-
    hängig</u>, wenn für jeweils k ($2 \leq k \leq n$) beliebige dieser
    Ereignisse, etwa $A_{i_1}, \ldots, A_{i_k}$, gilt:

$$P(A_{i_1} \cap \ldots \cap A_{i_k}) = P(A_{i_1}) \cdot \ldots \cdot P(A_{i_k}).$$

Auch für beliebige, im allgemeinen nicht stochastisch unabhängige Ereignisse kann ein Multiplikationssatz abgeleitet
werden. Aus

$$P(A|B) = \frac{P(A \cap B)}{P(B)} \quad \text{bzw.} \quad P(B|A) = \frac{P(A \cap B)}{P(A)}$$

$(P(A), P(B) \neq 0)$ ergibt sich

(3.41) (a) $P(A \cap B) = P(A|B) \cdot P(B)$

und

(b) $P(A \cap B) = P(B|A) \cdot P(A).$

Die stochastische Unabhängigkeit von zufälligen Ereignissen ist bei
Glücksspielen, die für die Entwicklung der Wahrscheinlichkeitsrechnung
eine zentrale Rolle spielten, von großer Bedeutung. Ist z.B. beim
Roulette 15 mal hintereinander eine schwarze Zahl gefallen, neigen
viele Spieler zu der Überzeugung, die Wahrscheinlichkeit für eine
rote Zahl müsse nun sehr groß sein. Da das Roulette aber "kein Ge-
dächtnis" besitzt, wenn es einwandfrei, d.h. ohne mechanische Fehler,
arbeitet, sind die einzelnen Ausspielungen im wahrscheinlichkeits-
theoretischen Sinne voneinander unabhängig. Demnach bleiben die ob-
jektiven Wahrscheinlichkeiten für eine rote oder eine schwarze Zahl
unverändert, gleichgültig, welche Zahlen bei früheren Ausspielungen
gefallen sind. Anders hingegen verhält es sich bei Kartenspielen
wie z.B. "Black Jack" oder "Siebzehn und Vier". Hier ist entscheidend,
welche Karten bereits ausgespielt wurden, da sich dadurch die Zusam-
mensetzung der verbleibenden Karten ändert und somit auch die Wahrscheinlichkeit, daß ein bestimmter Kartentyp (z.B. As, König, etc.)
gezogen wird.

Eine weitere gerade für Anwendungen wichtige Formel ist der
sog. Satz von der totalen Wahrscheinlichkeit. Den Ausgangspunkt bildet eine Zerlegung der Ergebnismenge Ω; darunter
versteht man ein System von paarweise disjunkten Ereignissen $A_1, \ldots, A_n$, deren Vereinigung Ω ergibt.

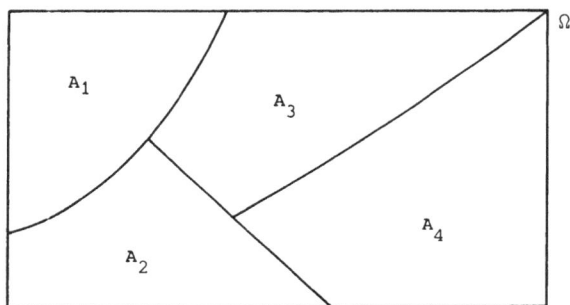

Sei nun B ein beliebiges Ereignis, dann sind die Ereignisse

$$B \cap A_i$$

disjunkt und es gilt:

$$B = (B \cap A_1) \cup \ldots \cup (B \cap A_n)$$

und nach Axiom 3:

$$P(B) = \sum_{i=1}^{n} P(B \cap A_i).$$

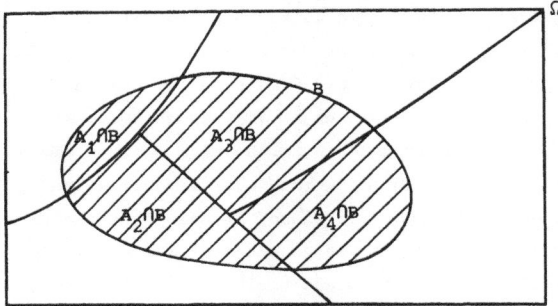

Wendet man nun (3.41) an, so erhält man

(3.42)
$$P(B) = \sum_{i=1}^{n} P(B|A_i) \cdot P(A_i)$$

den <u>Satz von der totalen Wahrscheinlichkeit</u>.

Geht man noch einen Schritt weiter und ersetzt in der Definition für bedingte Wahrscheinlichkeiten

$$P(A_j|B) = \frac{P(A_j \cap B)}{P(B)}$$

den Zähler gemäß (3.41) durch $P(B|A_j) \cdot P(A_j)$ und den Nenner durch (3.42), ergibt sich das <u>Theorem von BAYES</u>:

$$P(A_j|B) = \frac{P(B|A_j) \cdot P(A_j)}{\sum\limits_{i=1}^{n} P(B|A_i) \cdot P(A_i)}$$

Ein für praktische Anwendungen wichtiger Spezialfall ergibt sich für n=2, in dem das Theorem von BAYES folgendermaßen lautet:

$$P(A|B) = \frac{P(B|A) \cdot P(A)}{P(B|A) \cdot P(A) + P(B|\overline{A}) \cdot P(\overline{A})}.$$

Sind sich gegenseitig ausschließende Zustände $A_1, \ldots, A_n$ gegeben, deren Wahrscheinlichkeiten $P(A_i)$, die sog.

a-priori-Wahrscheinlichkeiten, bekannt sind, sowie für ein Ereignis B die bedingten Wahrscheinlichkeiten $P(B|A_j)$ angebbar, so lassen sich gemäß dem Theorem von BAYES die sog. a-posteriori-Wahrscheinlichkeiten $P(A_j|B)$ berechnen.

Beispiel:[1)]

Um die Güte eines Schulreifetests zu prüfen, wurden alle schulpflichtigen Kinder einer bestimmten Population probeweise eingeschult, zusätzlich wurde ihre "Schulreife" durch einen Schulreifetest T ermittelt. Nach Beendigung des ersten Grundschuljahres stellte man fest, daß 88 % aller probeweise eingeschulten Kinder das Ziel des ersten Grundschuljahres erreichten. 81 % dieser Schüler hatten den Schulreifetest bestanden, während nur 28 % der Kinder, die das erste Schuljahr nicht erfolgreich beendeten (d.h. nicht schulreif waren), ein positives Ergebnis beim Schulreifetest T hatten.

Das zu klärende Problem ist: Wie groß ist die Wahrscheinlichkeit, daß ein einzuschulendes Kind, das den Schulreifetest besteht (nicht besteht), das Ziel des ersten Grundschuljahres erreicht (nicht erreicht)?

Definiert man die Ereignisse

T : Kind besteht den Schulreifetest,
$\overline{T}$: Kind besteht den Schulreifetest nicht,
S : Kind erreicht das Ziel des 1. Grundschuljahres (ist schulreif),
$\overline{S}$: Kind erreicht das Ziel des 1. Grundschuljahres nicht (ist nicht schulreif),

erhält man:

$$P(S) = 0,88, \quad P(\overline{S}) = 0,12,$$
$$P(T|S) = 0,81, \quad P(T|\overline{S}) = 0,28.$$

---

1) Vgl. Kornmann, R.: Minimalisieren Schulreifetests die Zahl der Fehlentscheidungen? Zeitschrift für Entwicklungspsychologie und Pädagogische Psychologie, 1972, 282-286.

Gesucht sind die Wahrscheinlichkeiten $P(S|T)$ bzw. $P(S|\bar{T})$, da in Zukunft nur diejenigen Kinder eingeschult werden sollen, die den Schulreifetest bestanden haben. Die Untersuchung soll aufzeigen, ob eine derartige Vorgehensweise sinnvoll ist.

Nach dem BAYES-Theorem (n=2; S statt A , T statt B) erhält man:

$$P(S|T) = \frac{P(T|S) \cdot P(S)}{P(T|S) \cdot P(S) + P(T|\bar{S}) \cdot P(\bar{S})}$$

$$= \frac{0,81 \cdot 0,88}{0,81 \cdot 0,88 + 0,28 \cdot 0,12} = 0,955.$$

Die Wahrscheinlichkeit, daß ein Kind, das den Schulreifetest bestanden hat, dann auch tatsächlich das Ziel des 1. Grundschuljahres erreicht, liegt bei 95,5 %.

Allerdings reicht dieses (günstige) Resultat für die Beurteilung des Schulreifetests nicht aus. Eine weitere Anwendung des BAYES-Theorems ergibt:

$$P(S|\bar{T}) = \frac{P(\bar{T}|S) \cdot P(S)}{P(\bar{T}|S) \cdot P(S) + P(\bar{T}|\bar{S}) \cdot P(\bar{S})} =$$

$$= \frac{0,19 \cdot 0,88}{0,19 \cdot 0,88 + 0,72 \cdot 0,12} = 0,66 .$$

Vergleicht man $P(S|\bar{T})$ mit
$$P(\bar{S}|\bar{T}) = 1 - P(S|\bar{T}) = 0,34 ,$$

so stellt man fest, daß die Wahrscheinlichkeit dafür, daß ein Kind das Ziel des ersten Schuljahres erreicht, wenn es den Schulreifetest <u>nicht</u> bestanden hat, größer ist als die Wahrscheinlichkeit, daß es das Klassenziel nicht erreicht. Demnach wäre es also sinnvoll, auch diejenigen Kinder probeweise einzuschulen, die den Schulreifetest nicht bestehen. Dies läßt Zweifel an der Güte des konstruierten Schulreifetests aufkommen.

Eine wichtige Anwendung des BAYES-Theorems, allerdings in einer allge-
meineren Form für Zufallsgrößen, findet man im Bereich der "Signaler-
kennung" (signal detection). So enthält beispielsweise eine Veröffent-
lichung[1] der Instruktionen und Prozeduren für die Durchführung der am
neuropsychologischen Labor des Indiana University Medical Center verwendeten Testbatterien Daten, die zeigen, daß hirnverletzte Patienten
dazu neigen, sich von Normalen in der Frequenz des Fingerklopfens zu
unterscheiden. Der Patient wird instruiert, seinen Arm auf den Tisch
zu legen und dann so schnell, wie er kann, mit dem Finger zu klopfen.
Hirnverletzte neigen im Durchschnitt zu langsamerem Klopfen. In der
Praxis wird natürlich die Diagnose nicht anhand eines einzigen Merkmals getroffen, sondern anhand der Beobachtungswerte von mehreren Merkmalen. Jeder Reizeingang x ist in solchen Fällen ein Vektor mit mehr
als einer Komponente (vgl. Kap. 4), ein Punkt in einem mehrdimensiona-
len Raum, der einer Symptomkonfiguration oder einem Symptommuster entspricht.

Kennt man für jeden solchen Punkt oder Reizeingang x die zugehörigen
Wahrscheinlichkeiten (bzw. "Wahrscheinlichkeitsverteilungen") in der
Normalpopulation und in der Hirngeschädigtenpopulation

$$P(x|N) \text{ und } P(x|H)$$

sowie die a-priori-Wahrscheinlichkeiten $P(N)$ und $P(H)$, so lassen sich
mit Hilfe des Theorems von BAYES die für die Diagnose wichtigen
a-posteriori-Wahrscheinlichkeiten

$$P(H|x) \text{ bzw. } P(N|x),$$

daß ein Patient bei vorliegendem Beobachtungsvektor x an einer
Hirnverletzung leidet, ermitteln. Für weitere Details vergleiche man
z.B. COOMBS, DAWS und TVERSKY (1975) oder LEE (1977), Kap. 6.

Das Konzept der stochastischen Unabhängigkeit spielt in der
Statistik eine große Rolle. Wird ein Zufallsexperiment mehrmals durchgeführt bzw. ein Zufallsvorgang mehrfach beobach-
tet und sind die Ereignisse, die eine Durchführung bzw. Be-
obachtung des Zufallsvorgangs betreffen, unabhängig von allen Ereignissen der anderen Durchführungen, spricht man von

---

1) Vgl. Coombs, Dawes und Tversky (1975)

unabhängigen Wiederholungen des Zufallsexperiments bzw.
Zufallsvorgangs. So werden bei einer Zufallsstichprobe von
Individuen die ausgewählten Personen als unabhängige Realisierungen der zufälligen Auswahl interpretiert. Allerdings
interessiert man sich in erster Linie gar nicht für die letzt-
endlich in die Stichprobe gelangten Individuen selbst, sondern für gewisse an ihnen gemessene Merkmale, etwa bestimmte Persönlichkeitsmerkmale, physiologische Merkmale, Ein-
stellungen, etc. Da man nicht alle Individuen einer Population in die Untersuchung einbeziehen kann, erfolgt die Analyse anhand der Meßwerte einer Zufallsstichprobe. Das Zufallsexperiment der zufälligen Auswahl von Untersuchungseinheiten bildet lediglich die Grundlage der statistischen
Auswertung, das eigentliche Ziel sind jedoch Aussagen über
bestimmte Untersuchungsmerkmale. Dazu benötigt man den Begriff der Zufallsvariablen.

(3.43) Definition

Sei (Ω, A, P) ein Wahrscheinlichkeitsraum. Eine Funktion
$X : \Omega \to \mathbb{R}$, die jedem Ergebnis $\omega \in \Omega$ des Zufallsvorgangs
eine reelle Zahl $X(\omega)$ zuordnet, heißt Zufallsvariable.

Genaugenommen kann nicht jede auf Ω definierte Funktion
als Zufallsvariable angesehen werden. Damit für die Ausprägungen bzw. Realisationen einer zufälligen Variablen X
alle Wahrscheinlichkeiten P(B) für beliebige Borel-Mengen B
definiert werden können, müssen sämtliche "Urbilder"

$$X^{-1}(B) := \{ \omega \in \Omega \mid X(\omega) \in B \}, \quad B \text{ Borel-Menge,}$$

Ereignisse, also Elemente der σ-Algebra A sein, da das Wahrscheinlichkeitsmaß P nur auf A definiert ist. Diese Bedingung heißt "Meßbarkeit" von X. Bei praktischen Anwendungen
ist diese Bedingung stets von selbst erfüllt, so daß in
diesen Fällen eine Zufallsvariable X immer als eine Zuordnung angesehen werden kann, die bei jedem Ausgang des Zufallsexperiments bzw. Zufallsvorgangs einen bestimmten Zah-
lenwert annimmt.

Sind für eine Zufallsvariable X höchstens abzählbar viele

Zahlenwerte möglich, spricht man von einer diskreten Zufallsvariablen, im Falle von überabzählbar vielen möglichen
Realisationen von X von stetigen Zufallsvariablen.

Entsprechend der Konzeption der stochastischen Unabhängigkeit werden bei statistischen Untersuchungen die Meßwerte
eines Untersuchungsmerkmals, die aus einer Zufallsstichprobe gewonnen wurden, als unabhängige Realisierungen einer
das Untersuchungsmerkmal charakterisierenden Zufallsvariablen X interpretiert. Deshalb ist bei dieser Vorgehensweise darauf zu achten, daß die in einer sozialwissenschaftlichen Erhebung untersuchten Individuen oder Objekte zumindest
approximativ eine Zufallsauswahl aus einer übergeordneten
Population repräsentieren. Bei vielen psychologischen Experimenten und sozialwissenschaftlichen Erhebungen ist diese
Annahme nicht unproblematisch, da die Auswahl der Untersuchungseinheiten vielfach von systematischen Auswahlfaktoren beeinflußt wird.

Die Begriffe "Wahrscheinlichkeitsraum" und "Zufallsvariable"
bilden die theoretische Grundlage aller statistischen Untersuchungen. Allerdings arbeitet man bei der expliziten statistischen Auswertung in der Regel nicht mit Wahrscheinlich-
keitsmaßen, da diese als Mengenfunktionen mathematisch nur
umständlich zu handhaben sind. Statt dessen geht man aus
von der sog. "Wahrscheinlichkeitsverteilung" der Zufallsvariablen X. Die Wahrscheinlichkeitsverteilung einer Zufallsvariablen X kann neben der genauen Angabe des zugehörigen
Wahrscheinlichkeitsmaßes P auch durch die Verteilungsfunktion
von X oder durch die Wahrscheinlichkeitsfunktion von X bei
diskreten Zufallsvariablen bzw. durch die Wahrscheinlichkeits-
dichtefunktion bei stetigen Zufallsvariablen charakterisiert
werden. Da an dieser Stelle nur eine kurze Einführung in die
elementare Wahrscheinlichkeitsrechnung gegeben werden kann,
wird auf die explizite Definition dieser für Wahrscheinlichkeitstheorie und Statistik zentralen Begriffe verzichtet.
Für weitere Details, Begriffe und Verfahren sei auf die ein-
schlägigen Statistik-Lehrbücher, die für Sozialwissenschaftler geeignet sind, verwiesen.

Weiterführende Literatur:

Bamberg, Baur (1980), Basler (1977), Bortz (1977), DeGroot
(1975), Hays (1973), Schaich (1977), Stilson (1966), Winkler,
Hays (1975).

4. Kapitel: Vektoren und der Vektorraum R^m

Bisher wurden Untersuchungsmerkmale betrachtet, deren Meßwerte durch eine reelle Zahl repräsentiert werden, z.B.
die Merkmale Punktwert in einem Test, Einkommen, Blutdruck,
etc. Auch in den Naturwissenschaften kommen solche Größen
vor, z.B. bei der Temperatur-, Zeit- oder Längenmessung.
Man nennt solche Größen Skalare.

Andererseits ist bereits aus dem Physikunterricht der Schule bekannt, daß auch noch andere Größen existieren, zu
deren vollständigen Beschreibung neben dem zahlenmäßigen
Wert, dem Betrag, auch noch die Angabe ihrer Richtung erforderlich ist. Beispiele hierfür sind Geschwindigkeit,
Beschleunigung oder Kräfte. Solche gerichtete Größen nennt
man üblicherweise Vektoren.

Diese von den Naturwissenschaften und Technik her gewohnte
Definition der Vektoren ist nicht die einzig mögliche und
in den Sozialwissenschaften von untergeordneter Bedeutung.
In der reinen Mathematik, etwa der Linearen Algebra, werden Vektoren als abstrakte mathematische Objekte einer bestimmten Menge, nämlich des "Vektorraums", definiert. Die
individuellen Eigenschaften und die inhaltliche Bedeutung
der Vektoren sind dabei völlig gleichgültig, wichtig ist
nur, daß im Vektorraum bestimmte Operationen (Addition
und skalare Multiplikation) nach gewissen Regeln erklärt
sind.

In den Sozialwissenschaften gelangt man zu einer Vektor-
repräsentation, wenn statt nur einem Erhebungsmerkmal an
jedem Objekt bzw. jedem Individuum simultan mehrere Merkmale $X_1,...,X_m$ gemessen werden. Die m Meßwerte (Scores)
für eine Untersuchungseinheit (Versuchsperson oder Objekt)
werden als geordnetes m-Tupel von Zahlen geschrieben, d.h.
in Klammern und durch Kommata getrennt:

$$x = [x_1, x_2, ..., x_m].$$

Beispiele:

1) Im Intelligenz-Struktur-Test (IST) von Amthauer wird
   angenommen, daß die tragenden Elemente der intellektu-
   ellen Struktur die sprachliche und rechnerische Intelligenz, die räumliche Darstellung und die Merkfähigkeit
   sind. Sie werden erfaßt durch die 9 Subtests SE (Satz-
   ergänzung), WA (Wortauswahl), AN (Analogie), GE (Gemein-
   samkeiten), ME (Merkaufgaben), RA (Rechenaufgaben), ZA
   (Zahlenreihen), FA (Figurenauswahl), WÜ (Würfelaufgaben)
   (vgl. AMTHAUER, 1955). Werden die Einzelergebnisse der
   Subtests für einen Probanden registriert, erhält man
   einen Vektor

$$x = [x_1, x_2, \ldots, x_9],$$

   den man in diesem Zusammenhang das "Testprofil" des
   Probanden nennt.

2) In einem Experiment zur Untersuchung der vor Examens-
   oder Testsituationen empfundenen Angst werden vor und
   nach der Durchführung des Experiments die physiologi-
   schen Variablen Pulsfrequenz, Blutdruck, psychogalvanische Hautreaktion und Pupillenöffnung gemessen. Die
   Meßwerte eines Probanden vor dem Experiment werden zum
   Vektor $x = [x_1, x_2, x_3, x_4]$ zusammengefaßt, die Meßwerte
   nach dem Experiment zum Vektor $y = [y_1, y_2, y_3, y_4]$.

(4.1) Definition

Ein m-dimensionaler Vektor x ist ein geordnetes m-Tupel
reeller Zahlen. Vektoren können als "Spaltenvektoren"

$$x = \begin{bmatrix} x_1 \\ x_2 \\ \cdot \\ \cdot \\ \cdot \\ x_m \end{bmatrix}$$

oder als "Zeilenvektoren"

$$x' = [x_1, x_2, \ldots, x_m]$$

geschrieben werden. x_i heißt die i-te Komponente des Vektors x (i = 1,...,m).

Für die Anwendungen in den Sozialwissenschaften ist es
gleichgültig, ob die Schreibweise als Zeilen- oder Spaltenvektor gewählt wird. Da aber Vektoren auch als Spezialfälle von Matrizen aufgefaßt werden können, und dort die Un-
terscheidung zwischen Zeilen- und Spaltenvektoren bedeutsam ist, hat es sich eingebürgert, in der Vektor- und Matrizenrechnung von Spaltenvektoren auszugehen und die Zeilenvektoren im Unterschied dazu mit x' zu bezeichnen. Auf
die Bedeutung des Hochkommas wird später noch eingegangen.
Im folgenden wird von dieser Bezeichnungsweise Gebrauch gemacht.

Vektoren beinhalten bei Anwendungen in den Sozialwissenschaften in der Regel simultane Meßergebnisse von m Untersuchungsmerkmalen. Bei der konkreten Interpretation eines
"Merkmalsvektors" ist natürlich stets anzugeben, welches
Merkmal durch die i-te Komponente gemessen wird.

Ist die Dimension höchstens 3, können die Vektoren graphisch
veranschaulicht werden. Dazu wählt man gewöhnlich ein "cartesisches Koordinatensystem". Dies ist ein Koordinatensystem mit aufeinander senkrecht stehenden Koordinatenachsen,
die sich im "Ursprung" kreuzen. Dieser erhält auf beiden
Koordinatenachsen den Wert O zugeordnet (Nullpunkt). Im
Fall m = 2 nennt man die waagrechte Achse Abszisse, die
senkrechte Achse Ordinate.

Die erste Möglichkeit besteht darin, die Vektoren als Punkte in diesem Koordinatensystem mit den Koordinaten $[x_1,x_2]$
für m = 2, bzw. $[x_1,x_2,x_3]$ für m = 3 darzustellen.

Ordinate

$$y=\begin{bmatrix} -2 \\ 3 \end{bmatrix}$$

$$x=\begin{bmatrix} 3 \\ 1 \end{bmatrix}$$

Abszisse

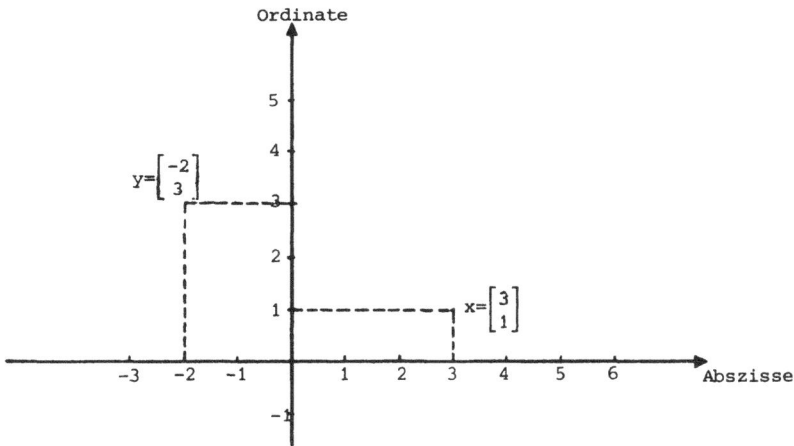

Die zweite Möglichkeit besteht darin, die Vektoren als
Pfeile darzustellen, die vom Ursprung zum Punkt x gerich-
tet sind.

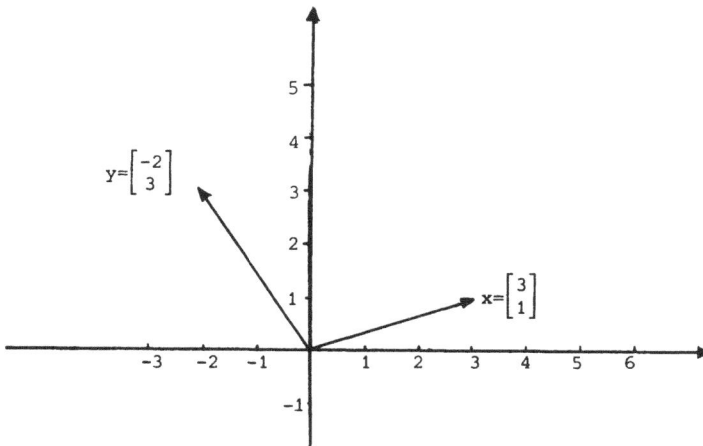

$$y=\begin{bmatrix} -2 \\ 3 \end{bmatrix}$$

$$x=\begin{bmatrix} 3 \\ 1 \end{bmatrix}$$

Aus den vorangegangenen Ausführungen wird bereits deutlich,
daß der hier eingeführte Vektorbegriff allgemeiner ist als
die in Naturwissenschaft und Technik übliche Definition
von Vektoren als gerichtete Größen. Der dort zur mathematischen Präzisierung verwendete "Vektorraum" ist stets der
dreidimensionale euklidische Vektorraum, den wir später
mit $\mathbb{R}^3$ bezeichnen werden. Bei Vektoren in den Sozialwissen-

schaften handelt es sich nicht um gerichtete Größen, sondern um m-dimensionale Meßergebnisse, deren Komponentenzahl
m auch größer als 3 sein kann. Die Darstellung im Koordinatensystem dient lediglich als geometrische Veranschaulichung.
Sie ist auch nur für m $\leq$ 3 möglich und für m = 1 entspricht
sie der Darstellung der reellen Zahlen auf der Zahlengeraden.

In der reinen Mathematik wird bei der Behandlung von Vektorräumen gewöhnlich auf eine geometrische Veranschaulichung völlig verzichtet. In
vielen Fällen ist eine solche auch gar nicht möglich oder sinnvoll.
Beispielsweise können die mathematischen Objekte, die dann auch Vektoren genannt werden, Funktionen f(x),g(x),... sein.

Alle möglichen m-Tupel von reellen Zahlen werden zur Menge
$\mathbb{R}^m$ zusammengefaßt.

(4.2) Definition

Die Menge aller Vektoren mit m reellen Komponenten bildet
den Vektorraum $\mathbb{R}^m$.

Für m = 1 stimmt $\mathbb{R}^1$ mit der Menge $\mathbb{R}$ der reellen Zahlen überein. Im Fall m = 2 erhält man die reelle Ebene $\mathbb{R}^2$, die bereits in Abschnitt 3.3, Beispiel (2), behandelt wurde. Jeder
Punkt aus $\mathbb{R}^2$ kann durch die Angabe der beiden Komponenten
x_1 und x_2 charakterisiert werden und umgekehrt kann jeder
Vektor x = (x_1,x_2) durch einen Punkt in der Ebene repräsentiert werden. Der klassische physikalische Raum, der für
Naturwissenschaften und Technik bedeutsam ist, ist durch
$\mathbb{R}^3$ gegeben.

Häufig vorkommende spezielle Vektoren sind:

Der Nullvektor

$$0 = \begin{bmatrix} 0 \\ 0 \\ \cdot \\ \cdot \\ \cdot \\ 0 \end{bmatrix},$$

dessen sämtliche Komponenten O sind,

der Einsenvektor

$$1 = \begin{bmatrix} 1 \\ 1 \\ \cdot \\ \cdot \\ \cdot \\ 1 \end{bmatrix},$$

dessen sämtliche Komponenten gleich 1 sind und

der i-te Einheitsvektor

$$e_i = \begin{bmatrix} 0 \\ \cdot \\ \cdot \\ 0 \\ 1 \\ 0 \\ \cdot \\ \cdot \\ 0 \end{bmatrix} \leftarrow \text{i-te Stelle},$$

dessen i-te Komponente 1 und alle anderen Komponenten 0 sind (i = 1,...,m).

Beispiele von Einheitsvektoren:

(a) Einheitsvektoren im $\mathbb{R}^2$:

$$e_1 = \begin{bmatrix} 1 \\ 0 \end{bmatrix}, \quad e_2 = \begin{bmatrix} 0 \\ 1 \end{bmatrix}$$

(b) Einheitsvektoren im $\mathbb{R}^3$:

$$e_1 = \begin{bmatrix} 1 \\ 0 \\ 0 \end{bmatrix}, \quad e_2 = \begin{bmatrix} 0 \\ 1 \\ 0 \end{bmatrix}, \quad e_3 = \begin{bmatrix} 0 \\ 0 \\ 1 \end{bmatrix}$$

(c) Einheitsvektoren im $\mathbb{R}^4$:

$$e_1 = \begin{bmatrix} 1 \\ 0 \\ 0 \\ 0 \end{bmatrix}, \quad e_2 = \begin{bmatrix} 0 \\ 1 \\ 0 \\ 0 \end{bmatrix}, \quad e_3 = \begin{bmatrix} 0 \\ 0 \\ 1 \\ 0 \end{bmatrix}, \quad e_4 = \begin{bmatrix} 0 \\ 0 \\ 0 \\ 1 \end{bmatrix}.$$

Im folgenden werden die Beziehungen, die im Vektorraum $\mathbb{R}^m$ zwischen den Vektoren bestehen, festgelegt.

(4.3) Definition

Zwei m-dimensionale Vektoren x und y (aus dem R^m) sind
gleich, wenn sie in allen m Komponenten übereinstimmen.
Es ist also x = y genau dann, wenn

$$x_i = y_i \quad \text{für alle } i = 1,\ldots,m$$

gilt.

Zwei Vektoren sind also nur dann vergleichbar, wenn sie von
"gleicher Dimension" sind, also dieselbe Anzahl von Komponenten besitzen. Darüber hinaus muß bei Anwendungen in
den Sozialwissenschaften sichergestellt werden, daß die
einzelnen Komponenten der Vektoren dieselben Merkmale beinhalten. Will man beispielsweise im Intelligenz-Struktur-
Test (vgl. Beispiel 1) die Testprofile der Probanden vergleichen, so darf die Reihenfolge der Subtests nicht verändert werden.

(4.4) Definition

Bei zwei (oder mehr) m-dimensionalen Vektoren erhält man
durch Addition (Subtraktion) der einzelnen Komponenten die

Summe (Differenz) der Vektoren, d.h.

$$
x \pm y =
\begin{bmatrix} x_1 \\ x_2 \\ \cdot \\ \cdot \\ \cdot \\ x_m \end{bmatrix}
\pm
\begin{bmatrix} y_1 \\ y_2 \\ \cdot \\ \cdot \\ \cdot \\ y_m \end{bmatrix}
=
\begin{bmatrix} x_1 \pm y_1 \\ x_2 \pm y_2 \\ \cdot \\ \cdot \\ \cdot \\ x_m \pm y_m \end{bmatrix}
$$

Beispiele:

$$
\begin{bmatrix} 6 \\ 4 \\ 1 \end{bmatrix}
+
\begin{bmatrix} -2 \\ 3 \\ 2 \end{bmatrix}
=
\begin{bmatrix} 4 \\ 7 \\ 3 \end{bmatrix}
$$

$$
\begin{bmatrix} -3 \\ 0 \\ 2 \end{bmatrix}
-
\begin{bmatrix} -1 \\ 2 \\ 4 \end{bmatrix}
=
\begin{bmatrix} -2 \\ -2 \\ -2 \end{bmatrix}
$$

$$
\begin{bmatrix} 1 \\ 0 \end{bmatrix}
+
\begin{bmatrix} -2 \\ 0 \end{bmatrix}
=
\begin{bmatrix} -1 \\ 0 \end{bmatrix}
$$

Im Fall m = 2 läßt sich die Addition von Vektoren leicht geometrisch veranschaulichen.

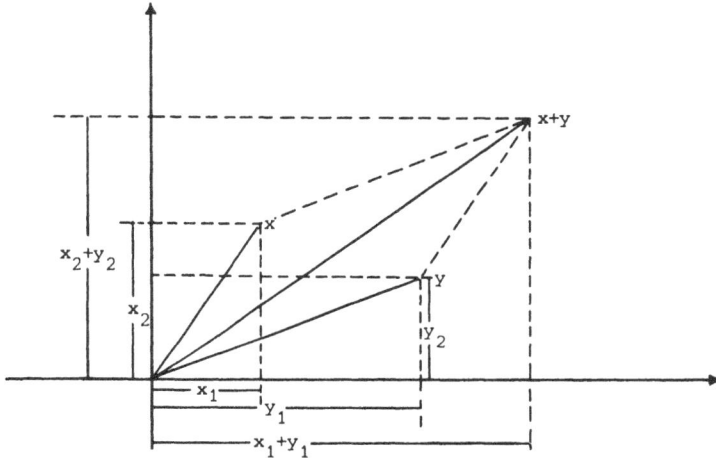

Der Vektor x + y ergibt sich als Diagonale des Parallelogramms, das von den Vektoren x und y gebildet wird. Während dieser Parallelogrammkonstruktion in der Mechanik auch eine inhaltliche Bedeutung zukommt, etwa bei der Darstellung der Wirkung zweier Kräfte, die in einem Punkt angreifen, dient sie bei Anwendungen in den Sozialwissenschaften lediglich zur geometrischen Veranschaulichung. Für m > 3 ist, wie bereits erwähnt, eine geometrische Veranschaulichung nicht mehr möglich. Man kann aber ohne weiteres in höherdimensionalen Vektorräumen "rechnen". Die Begriffe, die wir verwenden werden, sind Verallgemeinerungen der entsprechenden Begriffe im $\mathbb{R}^2$ bzw. $\mathbb{R}^3$.

(4.5) Definition

Man erhält das Produkt eines Vektors x mit einer reellen Zahl $\alpha \in \mathbb{R}$ (einem Skalar), indem man alle Komponenten von x mit α multipliziert,

$$\alpha x = \begin{bmatrix} \alpha x_1 \\ \alpha x_2 \\ \cdot \\ \cdot \\ \cdot \\ \alpha x_m \end{bmatrix}$$

(Skalarmultiplikation).

Geometrisch bedeutet die Multiplikation eines Vektors x
mit einem Skalar α eine Streckung bzw. Schrumpfung des
Vektors (α > 1 bzw. 0 < α < 1), die im Fall α < 0 mit einer
Richtungsumkehr verbunden ist.

Aus den Definitionen der Addition und der Skalarmultiplikation von Vektoren in $\mathbb{R}^m$ können eine Reihe von Eigenschaften abgeleitet werden, die im folgenden kurz zusammengestellt sind:

Seien x,y,z beliebige Vektoren aus $\mathbb{R}^m$, dann gilt:

(1) Für x und y existiert ein Summenvektor x + y $\in \mathbb{R}^m$
   (Addition)

(2) x + y = y + x

(3) x + (y+z) = (x+y) + z

(4) Es existiert genau ein Nullvektor 0 mit der Eigenschaft
$$x + 0 = x \quad \text{für alle } x \in \mathbb{R}^m$$

(5) Zu jedem x $\in \mathbb{R}^m$ gibt es einen Vektor -x mit
   x + (-x) = 0.

(6) Für alle x $\in \mathbb{R}^m$ und α$\in \mathbb{R}$ existiert ein Vektor
   αx $\in \mathbb{R}^m$ (Skalarmultiplikation)

(7) α(x+y) = αx + αy

(8) (α + β)x = αx + βx   α,β $\in \mathbb{R}$, x $\in \mathbb{R}^m$

(9) α(βx) = (αβ)x

(10) 1 · x = x

In der Linearen Algebra werden Addition und Skalarmultiplikation mit den angeführten Eigenschaften als konsti-
tuierende Definition eines Vektorraums verwendet. Eine
Menge V heißt ein Vektorraum (über $\mathbb{R}$), wenn für ihre Elemente eine Addition und eine Multiplikation mit einem
Skalar erklärt sind, so daß die Regeln (1) bis (10) gültig sind. Wir sind hier gleich von einem speziellen Vektorraum, nämlich der Menge

$$\mathbb{R}^m = \{(x_1, \ldots, x_m) \,|\, x_i \in \mathbb{R}, \; i=1, \ldots, m\}$$

ausgegangen.

Der Vektorraum $\mathbb{R}^m$ und spezielle Teilmengen des $\mathbb{R}^m$ wie
beispielsweise Intervalle, beschränkte Mengen oder konvexe
Mengen werden bei der Analyse von Funktionen mehrerer

Veränderlicher und deren Anwendungen benötigt. Sie spielen
z.B. bei Optimierungsproblemen (etwa in der Linearen Pro-
grammierung) eine wichtige Rolle.

Wie bereits früher erwähnt, können Vektoren als spezielle
"Matrizen" aufgefaßt werden, die im nächsten Kapitel ausführlich erörtert werden. Aus diesem Grunde erfolgt die
Einführung weiterer wichtiger Begriffe wie Skalarprodukt
von Vektoren, Orthogonalität von Vektoren oder Linearkombination von Vektoren erst nach einer Einführung in die elementare Matrizenrechnung in den Abschnitten 5.3 bzw. 5.6.

Weiterführende Literatur:

siehe Kap. 5.

5. Kapitel: Elementare Matrizenrechnung

5.1 Matrizen und einige Anwendungen in den Sozialwissenschaften

Eine <u>(n×m)-Matrix A</u> ist ein rechteckiges Schema von n·m Zahlen, bestehend aus n Zeilen und m Spalten:

$$(5.1) \quad A = \begin{bmatrix} a_{11} & a_{12} & \cdots & a_{1m} \\ a_{21} & a_{22} & \cdots & a_{2m} \\ \cdot & \cdot & & \cdot \\ \cdot & \cdot & & \cdot \\ \cdot & \cdot & & \cdot \\ a_{n1} & a_{n2} & \cdots & a_{nm} \end{bmatrix}$$

Für Matrizen verwenden wir fettgedruckte Großbuchstaben A,B,C, etc.

(n×m) heißt <u>Ordnung</u>, <u>Typ</u> oder <u>Dimension</u> der Matrix A. In Kurzschreibweise läßt sich die Matrix A auch folgendermaßen darstellen:

$$A = [a_{ij}]$$

Dabei heißt i <u>Zeilenindex</u> (i = 1,2,...,n), j <u>Spaltenindex</u> (j = 1,2,...,m) und a_{ij} <u>Element</u> der Matrix A, das in Zeile i und Spalte j steht.

Zum Beispiel ist

$$A = \begin{bmatrix} 9 & 5 & -1 \\ -4 & 0 & 7 \end{bmatrix}$$

eine (2×3)-Matrix, und a_{12} = 5 das Element von A, welches in Zeile 1 und Spalte 2 steht.

Eine $(n \times 1)$-Matrix a heißt <u>n-dimensionaler Spaltenvektor</u>,
bestehend aus n Komponenten:

$$(5.2) \qquad a = \begin{bmatrix} a_1 \\ a_2 \\ \cdot \\ \cdot \\ \cdot \\ a_n \end{bmatrix}$$

und eine $(1 \times m)$-Matrix b' heißt <u>m-dimensionaler Zeilen-
vektor</u>, bestehend aus m Komponenten:

$$b' = [b_1, b_2, \ldots, b_m]$$

Damit sind die bereits im letzten Kapitel eingeführten Zei-
len- und Spaltenvektoren hier als Spezialfälle von Matrizen dargestellt. Auf die Bedeutung des Hochkommas wird später noch eingegangen werden.

Beispielsweise ist

$$a = \begin{bmatrix} 1 \\ 0 \\ -2 \end{bmatrix}$$

ein 3-dimensionaler Spaltenvektor und

$$b' = [4, -7, -1, 0, 3]$$

ein 5-dimensionaler Zeilenvektor.

Eine (1×1)-Matrix a ist ein <u>Skalar</u>, also eine gewöhnliche
reelle Zahl. So kann beispielsweise die reelle Zahl 3 auch
als (1×1)-Matrix aufgefaßt werden. Diese Betrachtungsweise
ist bei den später noch zu behandelnden Matrizenverknüpfungen von Bedeutung.

Einige Anwendungsbeispiele für Matrizen im Bereich der
Sozialwissenschaften

1. Datenmatrizen

Wie bereits zu Beginn des letzten Abschnitts erwähnt, lassen sich die Meßwerte von n Versuchspersonen einer Stichprobe in Bezug auf m Merkmale in einer Datenmatrix

$$X = \begin{bmatrix} x_{11} & \cdots & x_{1m} \\ x_{21} & \cdots & x_{2m} \\ \cdot & & \cdot \\ \cdot & & \cdot \\ \cdot & & \cdot \\ x_{n1} & \cdots & x_{nm} \end{bmatrix}$$

anordnen. Dabei enthält eine Zeile der Datenmatrix die für
eine Untersuchungseinheit gemessenen m Ausprägungen der
m Variablen $X_1, \ldots, X_m$ und eine Spalte der Datenmatrix die
für ein Merkmal erhobenen n Meßwerte der Individuen.

2. Korrelationsmatrizen

Bildet man für jedes der m (metrischen) Merkmale den Mittelwert

$$\bar{x}_j = \frac{1}{n} \sum_{i=1}^{n} x_{ij} \qquad j = 1, \ldots, m$$

und die Stichprobenvarianz

$$s_j^2 = \frac{1}{n-1} \sum_{i=1}^{n} (x_{ij} - \bar{x}_j)^2 \qquad j = 1, \ldots, m$$

so können die Daten durch "Standardisierung" auf die Form

$$z_{ij} = \frac{x_{ij} - \bar{x}_j}{s_j}$$

gebracht werden. Für die standardisierten z-Werte ist der
Mittelwert O und ihre Stichprobenvarianz gleich 1.

Auf diese Weise erhält man aus der Datenmatrix X eine neue
Matrix Z, die standardisierte Datenmatrix

$$Z = \begin{bmatrix} z_{11} & \cdots & z_{1m} \\ \cdot & & \cdot \\ \cdot & & \cdot \\ \cdot & & \cdot \\ z_{n1} & \cdots & z_{nm} \end{bmatrix}$$

Bildet man jetzt die Korrelationskoeffizienten

$$r_{ij} = \frac{1}{n} \sum_{k=1}^{n} z_{ki} z_{kj} \quad ,$$

so lassen sich die Korrelationskoeffizienten in der <u>(m×m)-</u> <u>Korrelationsmatrix</u> R anordnen.

$$R = \begin{bmatrix} 1 & r_{12} & \cdots & r_{1m} \\ r_{21} & \cdot & & \\ \cdot & & \cdot & \cdot \\ \cdot & & & \cdot \\ \cdot & & & \cdot \\ r_{m1} & & \cdots & 1 \end{bmatrix}$$

Da stets $r_{ij} = r_{ji}$ gilt, ist die Korrelationsmatrix symmetrisch (vgl. die Def. gegen Ende dieses Abschnitts).

3. Präferenzmatrizen

Auf der Menge der vier Objekte $\{O_1, O_2, O_3, O_4\}$ sei eine Präferenzrelation R definiert, d.h. $O_i R O_j$ genau dann, wenn O_i gegenüber O_j vorgezogen wird. Eine beliebige Präferenzstruktur zwischen den Objekten kann durch eine (4×4)-Matrix P ausgedrückt werden, wobei das Element p_{ij} gleich 1 ist, falls O_i gegenüber O_j präferiert wird und 0 sonst. Beispielsweise indiziert die Matrix

$$P = \begin{bmatrix} 0 & 1 & 0 & 1 \\ 0 & 0 & 1 & 0 \\ 1 & 0 & 0 & 1 \\ 0 & 1 & 0 & 0 \end{bmatrix}$$

daß das Objekt O_1 gegenüber den Objekten O_2 und O_4 präferiert wird, das Objekt O_2 gegenüber O_3, das Objekt O_3 gegenüber O_1 und O_4 und schließlich das Objekte O_4 gegenüber O_2.

Auf diese Weise lassen sich generell binäre Relationen auf
einer endlichen Menge $A = \{a_1, \ldots, a_n\}$ darstellen. In der
Matrix

$$
\begin{array}{c|cccc}
 & a_1 & a_2 & \cdots & a_n \\
\hline
a_1 & & & & \\
a_2 & & & & \\
\cdot & & & & \\
\cdot & & & & \\
\cdot & & & & \\
a_n & & & &
\end{array}
$$

steht in der i-ten Zeile und j-ten Spalte eine 1 für den
Fall $a_i R a_j$ und O sonst.

4. Soziomatrizen

Die Grundlage der soziometrischen Verfahren bilden "Wahl-
handlungen" oder "Wahlen". Die Personen einer Gruppe werden aufgefordert, eine oder mehrere Personen anhand eines
vorgegebenen Kriteriums auszuwählen. Derartige Wahlhandlun-
gen stellen einen natürlichen Aspekt zwischenmenschlicher
Beziehungen dar. [*)] Werden z.B. fünf Personen einer Gruppe
aufgefordert, die Frage "Mit wem möchten Sie in den nächsten
Monaten an diesem Projekt zusammenarbeiten? Wählen Sie zwei
Personen aus." zu beantworten, so können diese soziometrischen Wahlen in einer Matrix dargestellt werden. Wählt ein
Gruppenmitglied ein anderes, so wird diese Wahl durch eine
"1" repräsentiert. In der folgenden "Soziomatrix" sind die
Wahlen eines hypothetischen Beispiels wiedergegeben:

$$
\begin{array}{c|ccccc}
 & a_1 & a_2 & a_3 & a_4 & a_5 \\
\hline
a_1 & O & 1 & 1 & O & O \\
a_2 & 1 & O & O & O & 1 \\
a_3 & 1 & 1 & O & O & O \\
a_4 & O & O & 1 & O & 1 \\
a_5 & O & 1 & 1 & O & O
\end{array}
$$

---

*) Vgl. dazu Kerlinger (1979), Kap. 31.

Da jede Person zwei Gruppenmitglieder auswählen sollte,
steht in jeder Zeile der Matrix zweimal eine "1". Die An-
zahlen der Einsen in den Spalten kennzeichnen die Anzahl
der Wahlen, die jede Person erhielt. Für weitere Details
von soziometrischen Wahlen und Soziomatrizen vergleiche
man beispielsweise KERLINGER (1979), Kap. 31 oder KEMENY
et al. (1966).

5. Verwechslungsmatrizen (Konfusionsmatrizen)

In einem Erkennungsexperiment werden die Versuchspersonen
aufgefordert, aus einer vorgegebenen Reizmenge $\{S_1, \ldots, S_m\}$
denjenigen auszuwählen, der nach ihrer Auffassung dem dar-
gebotenen Reiz entspricht. Bezeichnet man mit

$$h_i(S_j)$$

die Häufigkeit der Nennung des Reizes S_i bei Darbietung von
S_j, erhält man die (m×m)-Konfusionsmatrix:

$$
\begin{array}{c}
\text{Von der Vp} \\
\text{angegebe-} \\
\text{ner Reiz}
\end{array}
\quad
\begin{array}{c}
\text{Dargebotener Reiz} \\
\begin{array}{cccc}
S_1 & S_2 & \cdots & S_m
\end{array} \\
\begin{array}{c}
S_1 \\ S_2 \\ \vdots \\ S_m
\end{array}
\left|
\begin{array}{cccc}
h_1(S_1) & h_1(S_2) & \cdots & h_1(S_m) \\
h_2(S_1) & h_2(S_2) & \cdots & h_2(S_m) \\
\vdots & \vdots & & \vdots \\
h_m(S_1) & h_m(S_2) & \cdots & h_m(S_m)
\end{array}
\right.
\end{array}
$$

Die aufgeführten fünf Anwendungsbeispiele repräsentieren
nur eine kleine Auswahl der Anwendungsmöglichkeiten von Matrizen in den Sozialwissenschaften. Weitere Anwendungen findet man beispielsweise in der Graphentheorie oder bei stochastischen Prozessen, insbesondere bei Markov-Ketten, in
der Demographie, sowie in der Spieltheorie und bei den für
die Sozialwissenschaften wichtigen multivariaten statistischen Verfahren.

Eine (n×n)-Matrix A heißt __quadratisch__, die Elemente
$a_{11}, a_{22}, \ldots, a_{nn}$ heißen __Hauptdiagonalelemente__ und bilden
die __Hauptdiagonale__ von A.

Beispielsweise ist

$$A = \begin{bmatrix} 7 & 1 & 3 \\ 0 & -4 & 6 \\ 2 & 5 & 1 \end{bmatrix}$$

eine quadratische (3×3)-Matrix, deren Hauptdiagonale aus
den Zahlen 7,-4,1 besteht.

Werden die Zeilen und Spalten einer (n×m)-Matrix A vertauscht, so entsteht die zu A __transponierte Matrix__ oder
die __Transponierte__ von A:

$$A' = \begin{bmatrix} a_{11} & a_{21} & \cdots & a_{n1} \\ a_{12} & a_{22} & \cdots & a_{n2} \\ \cdot & \cdot & & \cdot \\ \cdot & \cdot & & \cdot \\ \cdot & \cdot & & \cdot \\ a_{1m} & a_{2m} & \cdots & a_{nm} \end{bmatrix}$$

Dies bedeutet in Kurzschreibweise:

Wenn $A = [a_{ij}]$ ist, gilt $A' = [a_{ji}]$ (i = 1,...,n; j = 1,...,m).
Insbesondere gilt für den Typ der beiden Matrizen:

A' ist eine (m×n)-Matrix, wenn A eine (n×m)-Matrix ist.

Beispielsweise lautet die zu

$$A = \begin{bmatrix} 5 & 4 & -2 \\ 1 & 3 & 0 \end{bmatrix} \quad \text{transponierte Matrix } A' = \begin{bmatrix} 5 & 1 \\ 4 & 3 \\ -2 & 0 \end{bmatrix}$$

Ferner wird gemäß der Definition der transponierten Matrix
aus dem n-dimensionalen Spaltenvektor

$$a = \begin{bmatrix} a_1 \\ a_2 \\ \cdot \\ \cdot \\ \cdot \\ a_n \end{bmatrix}$$

aufgefaßt als (n×1)-Matrix, durch transponieren ein n-dimensionaler Zeilenvektor, nämlich

$$a' = [a_1, a_2, \ldots, a_n],$$

also eine (1×n)-Matrix.

Zum Beispiel lautet der

$$a = \begin{bmatrix} 1 \\ 0 \\ -2 \end{bmatrix}$$

entsprechende Zeilenvektor: $a' = [1,0,-2]$.

Da Zeilenvektoren also transponierte Spaltenvektoren sind, werden sie mit einem Hochkomma versehen, womit dessen Bedeutung in Definition (5.2) erklärt ist.

Im folgenden wird auf einige spezielle Matrizen und Vektoren, wie sie im Rahmen der Behandlung multivariater Analyseverfahren in den Sozialwissenschaften häufig vorkommen, eingegangen.

Eine quadratische Matrix A heißt <u>symmetrisch</u>, wenn $A = A'$ ist, d.h. wenn $a_{ij} = a_{ji}$ für alle i und j gilt. (Der an dieser Stelle implizit verwendete Begriff der Gleichheit zweier Matrizen wird in Abschnitt 5.2 exakt definiert.)

<u>Beispiel:</u>

$$A = \begin{bmatrix} 1 & 4 & -5 \\ 4 & 3 & 0 \\ -5 & 0 & -2 \end{bmatrix}$$

Die quadratische Matrix D, deren sämtliche Elemente außerhalb der Hauptdiagonalen null sind, heißt <u>Diagonalmatrix</u>:

$$D = \begin{bmatrix} d_1 & 0 & \cdots & 0 \\ 0 & d_2 & \cdots & 0 \\ \cdot & \cdot & & \cdot \\ \cdot & \cdot & & \cdot \\ \cdot & \cdot & & \cdot \\ 0 & 0 & \cdots & d_n \end{bmatrix} = \text{diag}(d_i)$$

Ferner definiert man, falls $d_i \geq 0$ für alle $i = 1,\ldots,n$ ist:

$$D^{\frac{1}{2}} = \begin{bmatrix} \sqrt{d}_1 & 0 & \cdots & 0 \\ 0 & \sqrt{d}_2 & \cdots & 0 \\ \cdot & \cdot & & \cdot \\ 0 & 0 & \cdots & \sqrt{d}_n \end{bmatrix}$$

<u>Beispiel:</u>

$$D = \begin{bmatrix} 2 & 0 & 0 \\ 0 & 1 & 0 \\ 0 & 0 & 9 \end{bmatrix} \quad \text{und} \quad D^{\frac{1}{2}} = \begin{bmatrix} \sqrt{2} & 0 & 0 \\ 0 & 1 & 0 \\ 0 & 0 & 3 \end{bmatrix}.$$

Die quadratischen Matrizen

$$A_U = \begin{bmatrix} a_{11} & 0 & \cdots & 0 \\ a_{21} & a_{22} & \cdots & 0 \\ \cdot & \cdot & & \cdot \\ \cdot & \cdot & & \cdot \\ a_{n1} & a_{n2} & \cdots & a_{nn} \end{bmatrix} \quad \text{und} \quad A_O = \begin{bmatrix} a_{11} & a_{12} & \cdots & a_{1n} \\ 0 & a_{22} & \cdots & a_{2n} \\ \cdot & \cdot & & \cdot \\ \cdot & \cdot & & \cdot \\ 0 & 0 & \cdots & a_{nn} \end{bmatrix}$$

heißen <u>untere</u> bzw. <u>obere Dreiecksmatrix</u>. Bei einer Dreiecksmatrix sind sämtliche Elemente auf jeweils einer Seite der Hauptdiagonalen Null.

Zum Beispiel ist

$$A_U = \begin{bmatrix} 1 & 0 & 0 \\ 2 & 7 & 0 \\ 1 & -1 & 4 \end{bmatrix} \quad \text{eine untere und} \quad A_O = \begin{bmatrix} 2 & 4 & 5 \\ 0 & -1 & 3 \\ 0 & 0 & 7 \end{bmatrix} \quad \text{eine obere}$$

Dreiecksmatrix.

Die $(n \times n)$-<u>Einheitsmatrix</u> $I_n = I$ ist eine Diagonalmatrix, deren Hauptdiagonalelemente aus lauter Einsen besteht:

$$I_n = I = \begin{bmatrix} 1 & 0 & \dots & 0 \\ 0 & 1 & \dots & 0 \\ \cdot & \cdot & & \cdot \\ \cdot & \cdot & & \cdot \\ \cdot & \cdot & & \cdot \\ 0 & 0 & \dots & 1 \end{bmatrix}$$

Ferner heißt eine $(n \times m)$-Matrix 0, deren Elemente alle Null sind, <u>Nullmatrix</u>:

$$0_{n,m} = 0 = \begin{bmatrix} 0 & 0 & \dots & 0 \\ 0 & 0 & \dots & 0 \\ \cdot & \cdot & & \cdot \\ \cdot & \cdot & & \cdot \\ \cdot & \cdot & & \cdot \\ 0 & 0 & \dots & 0 \end{bmatrix}$$

Eine Nullmatrix braucht nicht quadratisch zu sein.

Beispielsweise ist

$$0_{2,3} = \begin{bmatrix} 0 & 0 & 0 \\ 0 & 0 & 0 \end{bmatrix} \text{ eine Nullmatrix der Ordnung } (2 \times 3) \text{ und}$$

$$0_{4,4} = \begin{bmatrix} 0 & 0 & 0 & 0 \\ 0 & 0 & 0 & 0 \\ 0 & 0 & 0 & 0 \\ 0 & 0 & 0 & 0 \end{bmatrix} \text{ eine Nullmatrix der Ordnung } (4 \times 4).$$

Wir verzichten im folgenden auf die Indizierung der Einheits- und Nullmatrix, wenn der Typ durch den jeweiligen Sachzusammenhang eindeutig festgelegt ist.

5.2 Matrixverknüpfungen

Zwei (n×m)-Matrizen $A = [a_{ij}]$ und $B = [b_{ij}]$ heißen
<u>gleich</u>, wenn sie elementweise übereinstimmen, d.h.

(5.3) $A = B$ genau dann, wenn $a_{ij} = b_{ij}$ für alle i und j.

Insbesondere können zwei Matrizen A und B dann nicht
gleich sein, wenn sie von verschiedener Ordnung sind.

Zum Beispiel gilt für die folgenden Matrizen

$$A = \begin{bmatrix} 1 & 0 \\ 0 & 1 \end{bmatrix}, \quad B = \begin{bmatrix} 1 & 0 \\ 0 & 1 \end{bmatrix}, \quad C = \begin{bmatrix} 1 & 1 \\ 0 & 1 \end{bmatrix}, \quad D = \begin{bmatrix} 1 & 0 & 0 \\ 0 & 1 & 0 \end{bmatrix}:$$

$A = B$, $A \neq C$ und $A \neq D$.

Zwei (n×m)-Matrizen $A = [a_{ij}]$ und $B = [b_{ij}]$ werden
<u>addiert</u> bzw. <u>subtrahiert</u>, indem man sie elementweise
addiert bzw. subtrahiert, d.h.

(5.4) $C = A \pm B$ genau dann, wenn $c_{ij} = a_{ij} \pm b_{ij}$ für
    alle i und j.
Es können also nur Matrizen derselben Ordnung addiert
bzw. subtrahiert werden.

Eine (n×m)-Matrix A wird mit einem <u>Skalar α multipli-
ziert</u>, indem man jedes Element von A mit α multipliziert:

(5.5) $\alpha A = [\alpha a_{ij}]$ für alle i und j.

Beispielsweise gilt für die beiden folgenden Matrizen

$$A = \begin{bmatrix} 3 & -1 & 2 \\ 0 & 5 & 4 \end{bmatrix} \quad \text{und } B = \begin{bmatrix} -2 & 1 & 0 \\ -5 & 3 & 1 \end{bmatrix}:$$

$$C = A + B = \begin{bmatrix} 3 & -1 & 2 \\ 0 & 5 & 4 \end{bmatrix} + \begin{bmatrix} -2 & 1 & 0 \\ -5 & 3 & 1 \end{bmatrix} = \begin{bmatrix} 1 & 0 & 2 \\ -5 & 8 & 5 \end{bmatrix}$$

und

$$2A = 2\begin{bmatrix} 3 & -1 & 2 \\ 0 & 5 & 4 \end{bmatrix} = \begin{bmatrix} 6 & -2 & 4 \\ 0 & 10 & 8 \end{bmatrix}.$$

Die nächste fundamentale Matrixoperation ist die Matrizenmultiplikation.

Das <u>Produkt</u> einer (n×m)-Matrix $A = [a_{il}]$ mit einer
(m×k)-Matrix $B = [b_{lj}]$ ist eine (n×k)-Matrix
$C = [c_{ij}]$, deren Elemente c_{ij} sich folgendermaßen
berechnen:

$$(5.6)\quad c_{ij} = \sum_{l=1}^{m} a_{il}b_{lj} \quad \text{für } i = 1,\ldots,n;\ j = 1,\ldots,k.$$

Die Multiplikation zweier Matrizen A und B ist also
nur dann definiert, wenn die <u>Anzahl der Spalten von</u>
<u>A</u> mit der <u>Anzahl der Zeilen von B</u> übereinstimmt.

In "symbolischer Produktnotation" gilt für die Typen (n×m)
und (m×k) zweier multiplizierbarer Matrizen:

$$(5.7)\qquad \boxed{(n\times m)\ \cdot\ (m\times k) = (n\times k)}$$

<u>Beispiel:</u>

Gegeben sind

$$A = \begin{bmatrix} 1 & 0 & 7 \\ 3 & 4 & -2 \end{bmatrix} \quad \text{und } B = \begin{bmatrix} 2 & 2 \\ -5 & 2 \\ 1 & 5 \end{bmatrix}$$

Dann ist die Produktmatrix C gemäß (5.7) vom Typ (2×2)
und sie lautet:

$$C = AB = \begin{bmatrix} 1\cdot 2 + 0\cdot(-5) + 7\cdot 1 & 1\cdot 2 + 0\cdot 2 + 7\cdot 5 \\ 3\cdot 2 + 4\cdot(-5) + (-2)\cdot 1 & 3\cdot 2 + 4\cdot 2 + (-2)\cdot 5 \end{bmatrix} =$$

$$= \begin{bmatrix} 9 & 37 \\ -16 & 4 \end{bmatrix}$$

Im allgemeinen ist $AB \neq BA$, wie man an diesem Beispiel
sehen kann:

$$BA = \begin{bmatrix} 8 & 8 & 10 \\ 1 & 8 & -39 \\ 16 & 20 & -3 \end{bmatrix} \neq \begin{bmatrix} 9 & 37 \\ -16 & 4 \end{bmatrix} = AB.$$

Eine quadratische (n×n)-Matrix P heißt <u>orthogonal</u>, wenn

(5.8)   P'P = PP' = I

gilt.

Beispielsweise ist die Matrix

$$P = \begin{bmatrix} \dfrac{3}{\sqrt{13}} & \dfrac{-2}{\sqrt{13}} \\ \dfrac{2}{\sqrt{13}} & \dfrac{3}{\sqrt{13}} \end{bmatrix} = \frac{1}{\sqrt{13}} \begin{bmatrix} 3 & -2 \\ 2 & 3 \end{bmatrix}$$

orthogonal, da sie (5.8) erfüllt:

$$\frac{1}{\sqrt{13}}\begin{bmatrix} 3 & 2 \\ -2 & 3 \end{bmatrix} \frac{1}{\sqrt{13}} \begin{bmatrix} 3 & -2 \\ 2 & 3 \end{bmatrix} = \frac{1}{13}\begin{bmatrix} 13 & 0 \\ 0 & 13 \end{bmatrix} = \begin{bmatrix} 1 & 0 \\ 0 & 1 \end{bmatrix}$$

und

$$\frac{1}{\sqrt{13}}\begin{bmatrix} 3 & -2 \\ 2 & 3 \end{bmatrix} \frac{1}{\sqrt{13}} \begin{bmatrix} 3 & 2 \\ -2 & 3 \end{bmatrix} = \frac{1}{13}\begin{bmatrix} 13 & 0 \\ 0 & 13 \end{bmatrix} = \begin{bmatrix} 1 & 0 \\ 0 & 1 \end{bmatrix}.$$

Mit den in diesem Abschnitt definierten Matrizenverknüpfungen kann man im wesentlichen so rechnen wie mit den reellen Zahlen. Allerdings ist dabei zu beachten, daß immer nur solche Matrizen verknüpft werden dürfen, die bezüglich Zeilen- und Spaltenanzahl zueinander passen.

Es gelten dann folgende elementare Rechenregeln:

(5.9)

$$
\begin{array}{ll}
(1) & A + B = B + A \\
(2) & A + 0 = A \\
(3) & (A+B) + C = A + (B+C) =: A + B + C \\
(4) & \alpha(A+B) = \alpha A + \alpha B \\
(5) & (\alpha+\beta)A = \alpha A + \beta A \\
(6) & \alpha(\beta A) = (\alpha\beta)A = (\beta\alpha)A = \beta(\alpha A) \\
(7) & (AB)C = A(BC) = ABC \\
(8) & A(B+C) = AB + AC \\
(9) & (B+C)A = BA + CA \\
(10) & \alpha(AB) = (\alpha A)B = A(\alpha B) = \alpha AB \\
(11) & IA = AI = A \\
(12) & 0A = A0 = 0 \\
(13) & (A')' = A \\
(14) & (A+B)' = A' + B' \\
(15) & (AB)' = B'A' \\
(16) & (ABC)' = C'B'A'
\end{array}
$$

Als erstes Anwendungsbeispiel der Matrizenrechnung in den Sozialwissenschaften betrachten wir das Modell der Faktoren- bzw. Hauptkomponentenanalyse und zwar gehen wir von der deskriptiv orientierten Darstellung faktorenanalytischer Methoden aus.

Das Ziel der Faktorenanalyse besteht darin, viele mehr oder weniger hoch korrelierende Merkmale durch möglichst wenige voneinander unabhängige hypothetische Konstrukte, den "Faktoren", möglichst genau zu erfassen. Im Gegensatz zu anderen multivariaten Verfahren wie etwa Regressions- oder Varianzanalyse können diese Einflußgrößen nicht unmittelbar gemessen werden, sondern stellen ein Resultat des faktorenanalytischen Modells dar. Dabei erweisen sich die beiden Ziele "möglichst wenige Faktoren" und "möglichst genau" als gegenläufig, so daß Kompromißlösungen gefunden werden müssen, die von subjektiven Aspekten abhängig sind.

Ausgangspunkt des deskriptiven Modells der Faktorenanalyse bildet die standardisierte Datenmatrix Z. Man vergleiche dazu Anwendungsbeispiel (2) in Kap. 5.1. Es werden also an n Individuen jeweils m Merkmale gemessen, die erhaltenen Meßwerte x_{ij} (i = 1,...,n; j = 1,...,m) gemäß der Transformation

$$z_{ij} = \frac{x_{ij} - \bar{x}_j}{s_j} \qquad (\bar{x}_j = \frac{1}{n} \sum_{i=1}^{n} x_{ij}; \quad s_j^2 = \frac{1}{n-1} \sum_{i=1}^{n} (x_{ij} - \bar{x}_j)^2$$

$$j = 1, \ldots, m)$$

standardisiert und die standardisierten Meßwerte z_{ij} in der (n×m)-Matrix Z angeordnet, also

$$Z = \begin{bmatrix} z_{11} & \cdots & z_{1m} \\ \cdot & & \cdot \\ \cdot & & \cdot \\ \cdot & & \cdot \\ z_{n1} & \cdots & z_{nm} \end{bmatrix}$$

Für die beobachteten Meßwerte z_{ij} wird nun angenommen, daß sie sich aus dem additiven Zusammenwirken von k hypothetischen Faktoren $f_1, \ldots, f_k$ ergeben, daß also

$$z_{ij} = \sum_{l=1}^{k} a_{jl} f_{il}$$

gilt.

Verschiedene Variablen unterscheiden sich demnach vor allem durch das Gewicht a_{jl}, mit dem die verschiedenen Faktoren am Zustandekommen der Variation ihrer Meßwerte beteiligt sind. Die Gewichtszahl a_{jl} des l-ten Faktors in der j-ten Variablen heißt <u>Faktorladung</u>. Die Faktorladungen können in der (m×k)-<u>Faktorladungsmatrix</u> (<u>Faktorenmuster</u>)

$$A = \begin{bmatrix} a_{11} & \cdots & a_{1k} \\ \cdot & & \cdot \\ \cdot & & \cdot \\ \cdot & & \cdot \\ a_{m1} & \cdots & a_{mk} \end{bmatrix}$$

angeordnet werden. Entsprechend können für jedes Individuum die "Meßwerte" auf den Faktoren, nämlich die sog. <u>Faktoren-</u> <u>werte</u> f_{il} (i=1,...,n; l=1,...,k) gebildet werden. Faßt man diese zur (n×k)-Matrix der Faktorenwerte

$$F = \begin{bmatrix} f_{11} & \cdots & f_{1k} \\ \cdot & & \cdot \\ \cdot & & \cdot \\ \cdot & & \cdot \\ f_{n1} & \cdots & f_{nk} \end{bmatrix}$$

zusammen, erhält man den Modellansatz in Matrizenform:

(5.10) $Z = FA'$.

Geht man nun über zur Korrelationsmatrix

$$R = \begin{bmatrix} 1 & r_{12} & \cdots & r_{1m} \\ r_{21} & 1 & & \cdot \\ \cdot & & \cdot & \cdot \\ \cdot & & & \cdot \\ \cdot & & & \cdot \\ r_{m1} & & \cdots & 1 \end{bmatrix} ,$$ (vgl. Anwendungsbeispiel 2 in Ab-
schnitt 5.1)

wobei für die Korrelationskoeffizienten

$$r_{ij} = \frac{1}{n} \sum_{t=1}^{n} z_{ti} \, z_{tj}$$

gilt, so läßt sich die Korrelationsmatrix R durch das Produkt $\frac{1}{n}Z'Z$ darstellen, also

$$R = \frac{1}{n}Z'Z .$$

(Wer mit Matrizenrechnung noch nicht so vertraut ist, überzeuge sich durch Nachvollziehen der Matrizenmultiplikation von der Richtigkeit der obigen Beziehung.)

Setzt man dieses Resultat in (5.10) ein, erhält man

$$R = \frac{1}{n}Z'Z = \frac{1}{n}(FA')'FA' = A(\frac{1}{n}F'F)A' .$$

Wie eingangs erwähnt, sollen die Faktoren unkorreliert sein. Dies bedeutet in diesem Zusammenhang, daß die Faktorenwertematrix orthogonal ist und daß insbesondere gilt:

$$\frac{1}{n}F'F = I ,$$

so daß sich ergibt:

(5.11) $R = AA'$.

Diese Beziehung wird manchmal Fundamentaltheorem der deskriptiven Faktorenanalyse bzw. der Hauptkomponentenanalyse genannt.

Eine andere Zielsetzung besitzt die Faktorenanalyse nach dem (stochastischen) Modell mehrerer gemeinsamer Faktoren, das auf THURSTONE zurückgeht. Es wird angenommen, daß sich die Variation eines Merkmals aus einem Anteil zusammensetzt, der auf die Wirkung von einem oder mehreren Faktoren zurückgeht (gemeinsame Varianz) und einem weiteren Anteil, der spezifische Eigenarten des Merkmals beinhaltet (spezifische Varianz). Ein Faktor kann also in allen Variablen oder nur in einigen - mindestens aber in zweien - wirksam sein.

Neben diesen gemeinsamen Faktoren gibt es spezifische, die jeweils nur zur Variabilität eines Merkmals beitragen. Das Modell mehrerer gemeinsamer Faktoren wurde von THURSTONE hauptsächlich in der Intelligenzforschung zur Identifikation allgemeiner Intelligenz- und Leistungsfaktoren entwickelt. Neben den unmittelbar meßbaren Variablen, z.B. bestimmte Intelligenztests, wird die Existenz von "Faktoren" angenommen, welche den Variablen zugrundeliegen und das Zustandekommen der beobachteten Meßwerte "erklären". Die latenten Faktoren können nur aus den gemessenen Variablen erschlossen werden und die Faktorenanalyse ist nach THURSTONE das geeignete Verfahren zur Ermittlung der "Faktorenstruktur".

Selbstverständlich konnte an dieser Stelle lediglich eine stark vereinfachte Einführung in einige Grundbegriffe der Faktorenanalyse gegeben werden. Für weitere Details vergleiche man die einschlägige Literatur, z.B. HARMAN (1976), REVENSTORF (1976) oder ÜBERLA (1971). Die weitere Vorgehensweise bei der Faktoren- bzw. Hauptkomponentenanalyse wird am Ende von Kap. 7 kurz dargestellt.

5.3 Skalarprodukt, Norm und Orthogonalität von Vektoren

Für zwei Vektoren

$$a = \begin{bmatrix} a_1 \\ a_2 \\ \cdot \\ \cdot \\ \cdot \\ a_n \end{bmatrix} \quad \text{und } b = \begin{bmatrix} b_1 \\ b_2 \\ \cdot \\ \cdot \\ \cdot \\ b_n \end{bmatrix},$$

aufgefaßt als (n×1)-Matrizen, gelten als Spezialfall der Matrizenmultiplikation die beiden folgenden Produkte:

$$a'b = [a_1, a_2, \ldots, a_n] \begin{bmatrix} b_1 \\ b_2 \\ \cdot \\ \cdot \\ \cdot \\ b_n \end{bmatrix} = \sum_{i=1}^{n} a_i b_i$$

heißt inneres Produkt oder Skalarprodukt der beiden Vektoren a und b.

a'b ist ein Skalar, da gemäß (5.7) gilt:

$$(1 \times n) \ (n \times 1) = (1 \times 1).$$

Folglich ist immer

$$a'b = b'a,$$

d.h. das Skalarprodukt zweier Vektoren ist kommutativ.

$$ab' = \begin{bmatrix} a_1 \\ a_2 \\ \cdot \\ \cdot \\ \cdot \\ a_n \end{bmatrix} [b_1, b_2, \ldots, b_n] = \begin{bmatrix} a_1 b_1 & a_1 b_2 & \cdots & a_1 b_n \\ a_2 b_1 & a_2 b_2 & \cdots & a_2 b_n \\ \cdot & \cdot & & \cdot \\ \cdot & \cdot & & \cdot \\ \cdot & \cdot & & \cdot \\ a_n b_1 & a_n b_2 & \cdots & a_n b_n \end{bmatrix}$$

ab' heißt dyadisches Produkt der Vektoren a und b.

ab' ist eine quadratische Matrix, da nach (5.7) gilt:

$$(n \times 1) \ (1 \times n) \ = \ (n \times n).$$

Beispielsweise gilt für die beiden Vektoren

$$a = \begin{bmatrix} 2 \\ -1 \\ 3 \end{bmatrix} \text{ und } b = \begin{bmatrix} 0 \\ 5 \\ -2 \end{bmatrix} :$$

$$a'b = [2,-1,3] \begin{bmatrix} 0 \\ 5 \\ -2 \end{bmatrix} = 2 \cdot 0 + (-1) \cdot 5 + 3 \cdot (-2) = -11,$$

$$b'a = [0,5,-2] \begin{bmatrix} 2 \\ -1 \\ 3 \end{bmatrix} = 0 \cdot 2 + 5 \cdot (-1) + (-2) \cdot 3 = -11 \text{ und}$$

$$ab' = \begin{bmatrix} 2 \\ -1 \\ 3 \end{bmatrix} [0,5,-2] = \begin{bmatrix} 0 & 10 & -4 \\ 0 & -5 & 2 \\ 0 & 15 & -6 \end{bmatrix}.$$

Ein häufig benötigtes Vektorprodukt ist das Skalarprodukt eines Vektors a mit sich selbst:

Sei

$$a = \begin{bmatrix} a_1 \\ a_2 \\ \cdot \\ \cdot \\ \cdot \\ a_n \end{bmatrix} , \text{ dann ist gemäß der Definition des Skalarprodukts:} \qquad a'a = \sum_{i=1}^{n} a_i^2 \ .$$

Zum Beispiel ist für $a = \begin{bmatrix} 3 \\ 0 \\ -1 \end{bmatrix}$: $a'a = 3^2 + 0^2 + (-1)^2 = 10.$

Die positive Wurzel aus dem Skalarprodukt eines n-dimensionalen Vektors a mit sich selbst heißt Länge oder Norm des Vektors a und wird mit $\|a\|$ bezeichnet:

$$(5.12) \qquad \|a\| = \sqrt{a'a} = \sqrt{\sum_{i=1}^{n} a_i^2} \ .$$

Beispielsweise besitzt der Vektor

$$a = \begin{bmatrix} 1 \\ -2 \\ 2 \end{bmatrix} \text{ die Länge (Norm) } \|a\| = \sqrt{\sum_{i=1}^{3} a_i^2} = \sqrt{1^2 + (-2)^2 + 2^2} = 3$$

Im $\mathbb{R}^2$ (oder im $\mathbb{R}^3$) besitzt die Norm eine einfache geometrische Veranschaulichung

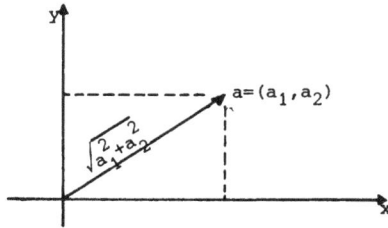

Die Norm eines Vektors ist hier nichts anderes als die Länge des Pfeiles vom Ursprung bis zum Punkt $a = (a_1, a_2)$.

Ein Vektor a besitzt die Länge 1, wenn $\|a\| = 1$. Jeder von O verschiedene Vektor a beliebiger Länge kann auf Länge 1 <u>normiert</u> werden, indem man jede seiner Komponenten durch seine Länge dividiert:

$$(5.13) \quad a^* = \frac{1}{\|a\|} a \text{ besitzt die Länge 1, denn}$$

$$\|a^*\| = \|\frac{1}{\|a\|} a\| = \sqrt{\frac{1}{\|a\|} a' \frac{1}{\|a\|} a} = \sqrt{\frac{1}{\|a\|^2} a'a} =$$

$$= \sqrt{\frac{1}{\|a\|^2}} \sqrt{a'a} = \frac{1}{\|a\|} \|a\| = 1.$$

Wählen wir nochmals als Beispiel den Vektor $a = \begin{bmatrix} 1 \\ -2 \\ 2 \end{bmatrix}$.

Es ergab sich $\|a\| = 3$. Damit besitzt gemäß (5.13) der Vektor

$$a^* = \frac{1}{3} a = \begin{bmatrix} \frac{1}{3} \\ -\frac{2}{3} \\ \frac{2}{3} \end{bmatrix} \text{ die Länge 1.}$$

Dies kann man auch durch direktes Einsetzen in Definition (5.12) verifizieren:

$$\left\| \begin{bmatrix} \frac{1}{3} \\ -\frac{2}{3} \\ \frac{2}{3} \end{bmatrix} \right\| = \sqrt{(\tfrac{1}{3})^2 + (-\tfrac{2}{3})^2 + (\tfrac{2}{3})^2} = 1.$$

Zwei von O verschiedene Vektoren a und b heißen orthogonal, wenn

(5.14)   a'b = O

ist. Hat jeder der beiden Vektoren a und b die Länge 1, so nennt man sie mit der Eigenschaft (5.14) orthonormal.

Beispielsweise sind die beiden Vektoren

$$a = \begin{bmatrix} 2 \\ O \\ -1 \end{bmatrix} \quad \text{und } b = \begin{bmatrix} -1 \\ 3 \\ 2 \end{bmatrix} \quad \text{orthogonal, denn a'b = O.}$$

Wegen $\|a\| = \sqrt{5}$ und $\|b\| = \sqrt{14}$ sind sie nicht orthonormal, wohl aber die Vektoren

$$a^* = \frac{1}{\sqrt{5}} a \text{ und } b^* = \frac{1}{\sqrt{14}} b,$$

da $a^{*'} b = \frac{1}{\sqrt{5}} \frac{1}{\sqrt{14}} a'b = O$ und $\|a^*\| = \|b^*\| = 1.$

Ergänzend sei festgehalten, daß je zwei verschiedene n-dimensionale Einheitsvektoren e_i und $e_j (i \neq j)$ orthonormal sind.

Sei etwa

$$e_1 = \begin{bmatrix} 1 \\ O \\ O \end{bmatrix} \quad \text{und } e_3 = \begin{bmatrix} O \\ O \\ 1 \end{bmatrix}.$$

Dann ist $e_1' e_3 = 1 \cdot O + O \cdot O + O \cdot 1 = O$ und

$$\|e_1\| = \sqrt{1^2 + O^2 + O^2} = 1 \text{ und } \|e_3\| = \sqrt{O^2 + O^2 + 1^2} = 1.$$

5.4 Determinanten

Jede quadratische Matrix A besitzt eine sog. "Determinante", die mit det A oder |A| bezeichnet wird. Die Determinante ist eine reelle Zahl und ist bei der Matrizeninversion (vgl. Kap. 5.5), der Lösung von linearen Gleichungssystemen (vgl. Kap. 6), aber auch bei Funktionen mehrerer Variabler von Bedeutung. Geometrisch ist sie eng mit dem Begriff des "Volumens" verknüpft.

Wir beginnen mit dem einfachen Fall von (2×2)-Matrizen bzw. (3×3)-Matrizen und geben dann eine allgemeine Definition der Determinante einer quadratischen Matrix.

Sei A eine (2×2)-Matrix, d.h.

$$A = \begin{bmatrix} a_{11} & a_{12} \\ a_{21} & a_{22} \end{bmatrix},$$

dann ist die <u>Determinante</u> von A gegeben durch

$$|A| = a_{11}\,a_{22} - a_{12}\,a_{21}$$

Geometrisch repräsentiert der Absolutbetrag von |A| die Fläche des Parallelogramms, das von den beiden Vektoren (a_{11},a_{12}) und (a_{21},a_{22}) aufgespannt wird. Im dreidimensionalen Fall ergibt sich entsprechend das Volumen des durch die Vektoren aufgespannten Parallelepipeds.

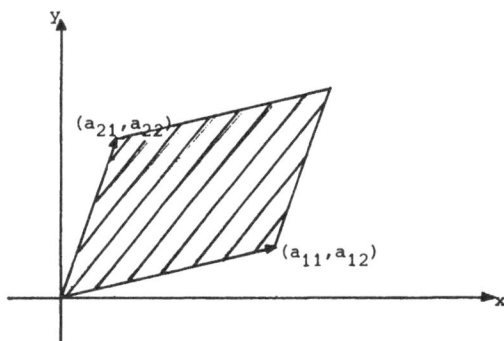

Beispiel:

Sei $A = \begin{bmatrix} 1 & 4 \\ 2 & 5 \end{bmatrix}$, dann ist $|A| = 1 \cdot 5 - 4 \cdot 2 = -3$.

Sei A eine (3×3)-Matrix, d.h.

$$A = \begin{bmatrix} a_{11} & a_{12} & a_{13} \\ a_{21} & a_{22} & a_{23} \\ a_{31} & a_{32} & a_{33} \end{bmatrix},$$

dann ist die <u>Determinante</u> von A gegeben durch

$$|A| = a_{11}a_{22}a_{33} + a_{21}a_{32}a_{13} + a_{31}a_{12}a_{23} - a_{31}a_{22}a_{13}$$
$$-a_{21}a_{12}a_{33} - a_{11}a_{23}a_{32} .$$

Beispiel:

Sei

$$A = \begin{bmatrix} 1 & 0 & 0 \\ 2 & 3 & -4 \\ 7 & 0 & 5 \end{bmatrix}, \text{ dann ist}$$

$$|A| = 1 \cdot 3 \cdot 5 + 2 \cdot 0 \cdot 0 + 7 \cdot 0 \cdot (-4) - 7 \cdot 3 \cdot 0 - 2 \cdot 0 \cdot 5 - 1 \cdot (-4) \cdot 0 = 15.$$

Für höherdimensionale Matrizen werden die Formeln für die
Determinante recht kompliziert. Im folgenden wird eine allgemeine Definition und Berechnungsvorschrift für Determinanten von quadratischen Matrizen gegeben. Selbstverständlich können die oben aufgeführten Berechnungsvorschriften
für (2×2)- und (3×3)-Matrizen als Spezialfälle des allgemeinen Schemas aufgefaßt werden.

Die <u>Determinante</u> einer quadratischen (n×n)-Matrix
$A = [a_{ij}]$ wird mit $|A|$ (oder detA) bezeichnet und
läßt sich wie folgt rekursiv definieren:

(5.15)
$$n=1 : |A| = a \text{ für eine } (1 \times 1)\text{-Matrix } A = [a]$$
$$n \geq 2 : |A| = \sum_{j=1}^{n} (-1)^{i+j} a_{ij} |A_{ij}| \text{ für beliebiges } i,$$
$$1 \leq i \leq n.$$

Man nennt die Darstellung in (5.15) Entwicklung der Determinante nach der i-ten Zeile. Die analoge Darstellung mit
demselben Ergebnis ergibt sich bei der Entwicklung nach
der i-ten Spalte.

$|A_{ij}|$ ist die Determinante derjenigen $((n-1)\times(n-1))$-Matrix
A_{ij}, die man nach Streichen der i-ten Zeile und j-ten Spalte von A erhält, und heißt Minor des Elements a_{ij} von A.

$(-1)^{i+j}|A_{ij}|$ heißt Kofaktor oder Adjunkte des Elements a_{ij}
von A und wird meistens mit A_{ij} bezeichnet.

Sei nun

$$A = \begin{bmatrix} a_{11} & a_{12} \\ a_{21} & a_{22} \end{bmatrix}$$

Entwickeln wir die Determinante nach der ersten Zeile, also
i = 1, so erhält man gemäß (5.15):

$$|A| = \sum_{j=1}^{2} (-1)^{1+j} a_{1j} |A_{1j}| = (-1)^{1+1} a_{11} |A_{11}| + (-1)^{1+2} a_{12} |A_{12}| =$$

$$= a_{11} |a_{22}| - a_{12} |a_{21}| = a_{11} a_{22} - a_{12} a_{21}.$$

Dieses Resultat stimmt mit der oben angegebenen Formel für
die Determinante einer (2×2)-Matrix überein.

Es ergibt sich für

$$A = \begin{bmatrix} a_{11} & a_{12} & a_{13} \\ a_{21} & a_{22} & a_{23} \\ a_{31} & a_{32} & a_{33} \end{bmatrix}:$$

$$|A| = \sum_{j=1}^{3} (-1)^{1+j} a_{1j} |A_{1j}| = (-1)^{1+1} a_{11} |A_{11}| + (-1)^{1+2} a_{12} |A_{12}| +$$

$$+ (-1)^{1+3} a_{13} |A_{13}| = a_{11} \begin{vmatrix} a_{22} & a_{23} \\ a_{32} & a_{33} \end{vmatrix} - a_{12} \begin{vmatrix} a_{21} & a_{23} \\ a_{31} & a_{33} \end{vmatrix} +$$

$$+ a_{13} \begin{vmatrix} a_{21} & a_{22} \\ a_{31} & a_{32} \end{vmatrix} = a_{11}(a_{22}a_{33} - a_{23}a_{32}) - a_{12}(a_{21}a_{33} -$$

$$- a_{23}a_{31}) + a_{13}(a_{21}a_{32} - a_{22}a_{31}).$$

Beispiel:

$$A = \begin{bmatrix} 1 & 0 & 0 \\ 2 & 3 & -4 \\ 7 & 0 & 5 \end{bmatrix}:$$

Dann ist

$$|A| = 1 \cdot \begin{vmatrix} 3 & -4 \\ 0 & 5 \end{vmatrix} - 0 \cdot \begin{vmatrix} 2 & -4 \\ 7 & 5 \end{vmatrix} + 0 \cdot \begin{vmatrix} 2 & 3 \\ 7 & 0 \end{vmatrix} = 15.$$

Für die praktische Berechnung der Determinante einer quadratischen Matrix A der Ordnung (n×n) sind folgende Regeln von Nutzen:

(5.16) Satz

(1) $|A| = |A'|$. Dies bedeutet, daß man die Determinante von A, wie bereits erwähnt, auch nach der i-ten Spalte entwickeln kann:

$$|A| = \sum_{j=1}^{n} (-1)^{j+i} a_{ji} |A_{ji}|.$$

(2) Verwandelt man die Matrix A durch Vertauschen von zwei Zeilen (oder Spalten) in eine Matrix B, so gilt:

$$|B| = - |A|.$$

(3) Aus (2) folgt unmittelbar, daß $|A| = 0$ ist, wenn zwei Zeilen (oder Spalten) von A übereinstimmen.

(4) Verwandelt man die Matrix A durch Multiplikation einer Zeile (oder Spalte) mit einem Skalar α in eine Matrix B, so gilt: $|B| = \alpha|A|$.
Daraus folgt insbesondere: $|\alpha A| = \alpha^n |A|$.

(5) Ebenso ergibt sich aus (4), daß $|A| = 0$ ist, wenn alle Elemente einer Zeile (oder Spalte) von A Null sind.

(6) Verwandelt man die Matrix A durch Addition des
α-fachen einer Zeile (oder Spalte) zu einer anderen (nicht derselben) Zeile (oder Spalte) in eine
Matrix B, so ist: $|B| = |A|$.
Also ändert sich der Wert der Determinante von A
durch diese elementare Zeilen- bzw. Spaltenumfor-
mung nicht.

(7) Die Determinante einer Dreiecksmatrix A_U oder A_O
ist gleich dem Produkt der Hauptdiagonalelemente.

Insbesondere gilt dann für eine Diagonalmatrix D:

$$|D| = d_1 d_2 \ldots d_n = \prod_{i=1}^{n} d_i,$$ woraus man $|I| = 1$ als

Spezialfall erhält.

(8) Für zwei quadratische (n×n)-Matrizen A und B gilt:

$$|AB| = |A| \cdot |B|.$$

Wiederholte Anwendung von (5.16)-(6) ergibt in Verbindung
mit (5.16)-(7) eine besonders einfache Möglichkeit, die
Determinante einer Matrix A zu berechnen.

Sei zum Beispiel

$$A = \begin{bmatrix} 1 & 1 & -1 \\ 1 & 0 & 2 \\ 3 & 1 & 1 \end{bmatrix}$$

Addieren wir das (-1)-fache der ersten Zeile zur zweiten
Zeile, so erhalten wir:

$$B^{(1)} = \begin{bmatrix} 1 & 1 & -1 \\ 0 & -1 & 3 \\ 3 & 1 & 1 \end{bmatrix}$$

Ferner addieren wir das (-3)-fache der ersten Zeile zur
dritten Zeile und erhalten:

$$B^{(2)} = \begin{bmatrix} 1 & 1 & -1 \\ 0 & -1 & 3 \\ 0 & -2 & 4 \end{bmatrix}$$

Schließlich addieren wir das (-2)-fache der zweiten Zeile zur dritten Zeile und erhalten:

$$B^{(3)} = \begin{bmatrix} 1 & 1 & -1 \\ 0 & -1 & 3 \\ 0 & 0 & -2 \end{bmatrix}.$$

Nach (5.16)-(7) ist $|B^{(3)}| = 1 \cdot (-1) \cdot (-2) = 2$. Da wegen (5.16)-(6) $|A| = |B^{(1)}| = |B^{(2)}| = |B^{(3)}|$ gilt, folgt daraus, daß $|A| = 2$ ist.

5.5 Matrixinversion

Eine quadratische Matrix A heißt <u>invertierbar</u>, wenn es eine quadratische Matrix A^{-1} gibt mit

$$AA^{-1} = A^{-1}A = I.$$

Die Matrix A^{-1} ist, falls sie existiert, eindeutig bestimmt und heißt die <u>Inverse</u> von A.

Eine Matrix A ist genau dann invertierbar, wenn $|A| \neq 0$.

Für invertierbare Matrizen gelten folgende Rechenregeln:

(5.18) <u>Satz</u>

(1) $(AB)^{-1} = B^{-1}A^{-1}$

(2) $(ABC)^{-1} = C^{-1}B^{-1}A^{-1}$

(3) $\left(A^{-1}\right)^{-1} = A$

(4) $I^{-1} = I$

(5) $(A')^{-1} = (A^{-1})'$

(6) $(\alpha A)^{-1} = \frac{1}{\alpha} A^{-1}$ für $\alpha \neq 0$

(7) Ist A symmetrisch, so ist auch A^{-1} symmetrisch

(8) Für eine Diagonalmatrix D gilt:

$$
D^{-1} = \begin{bmatrix} \frac{1}{d_1} & 0 & \dots & 0 \\ 0 & \frac{1}{d_2} & \dots & 0 \\ \cdot & \cdot & & \cdot \\ \cdot & \cdot & & \cdot \\ \cdot & \cdot & & \cdot \\ 0 & 0 & \dots & \frac{1}{d_n} \end{bmatrix},
$$

falls $d_i > 0$ für alle $i=1,\dots,n$

(9) Ferner definiert man, falls $d_i > 0$ für alle $i=1,\dots,n$

$D^{-\frac{1}{2}} := (D^{\frac{1}{2}})^{-1}$. Damit ergibt sich gemäß (8):

$$
D^{-\frac{1}{2}} = \begin{bmatrix} \frac{1}{\sqrt{d_1}} & 0 & \dots & 0 \\ 0 & \frac{1}{\sqrt{d_2}} & \dots & 0 \\ \vdots & \vdots & & \vdots \\ 0 & 0 & \dots & \frac{1}{\sqrt{d_n}} \end{bmatrix}
$$

(10) $|A^{-1}| = \dfrac{1}{|A|}$.

Ein formelmäßig einfacher Weg zur konkreten Berechnung der Inversen A^{-1} einer invertierbaren Matrix A ergibt sich über die Kofaktoren der Elemente von A.

Bezeichnet man mit $a_{ij}^{(-1)}$ das in der i-ten Zeile und j-ten Spalte stehende Element von A^{-1} und analog zu den entsprechenden Ausführungen in Abschnitt 5.4 mit $A_{ji} = (-1)^{j+i}|A_{ji}|$ den Kofaktor des Elements a_{ji} von A, so berechnet sich die Inverse A^{-1} elementweise wie folgt:

$$
(5.18) \quad a_{ij}^{(-1)} = \frac{A_{ji}}{|A|} \quad (i=1,\dots,n;\ j=1,\dots,n) .
$$

Betrachten wir als Beispiel nochmals die Matrix

$$
A = \begin{bmatrix} 1 & 1 & -1 \\ 1 & 0 & 2 \\ 3 & 1 & 1 \end{bmatrix},
$$

deren Determinante wir am Ende des Abschnitts 5.4 ausge-

rechnet und als Ergebnis $|A| = 2 \neq 0$ erhalten hatten. Dem-
nach existiert die Inverse A^{-1}, und es ergibt sich gemäß
(5.18):

$$a_{11}^{(-1)} = \frac{A_{11}}{2} = \frac{1}{2}(-1)^{1+1}|A_{11}| = \frac{1}{2}\begin{vmatrix} 0 & 2 \\ 1 & 1 \end{vmatrix} = -1$$

$$a_{12}^{(-1)} = \frac{A_{21}}{2} = \frac{1}{2}(-1)^{2+1}|A_{21}| = (-\frac{1}{2})\begin{vmatrix} 1 & -1 \\ 1 & 1 \end{vmatrix} = -1$$

$$a_{13}^{(-1)} = \frac{A_{31}}{2} = \frac{1}{2}(-1)^{3+1}|A_{31}| = \frac{1}{2}\begin{vmatrix} 1 & -1 \\ 0 & 2 \end{vmatrix} = 1$$

$$a_{21}^{(-1)} = \frac{A_{12}}{2} = \frac{1}{2}(-1)^{1+2}|A_{12}| = (-\frac{1}{2})\begin{vmatrix} 1 & 2 \\ 3 & 1 \end{vmatrix} = \frac{5}{2}$$

$$a_{22}^{(-1)} = \frac{A_{22}}{2} = \frac{1}{2}(-1)^{2+2}|A_{22}| = \frac{1}{2}\begin{vmatrix} 1 & -1 \\ 3 & 1 \end{vmatrix} = 2$$

$$a_{23}^{(-1)} = \frac{A_{32}}{2} = \frac{1}{2}(-1)^{3+2}|A_{32}| = (-\frac{1}{2})\begin{vmatrix} 1 & -1 \\ 1 & 2 \end{vmatrix} = -\frac{3}{2}$$

$$a_{31}^{(-1)} = \frac{A_{13}}{2} = \frac{1}{2}(-1)^{1+3}|A_{13}| = \frac{1}{2}\begin{vmatrix} 1 & 0 \\ 3 & 1 \end{vmatrix} = \frac{1}{2}$$

$$a_{32}^{(-1)} = \frac{A_{23}}{2} = \frac{1}{2}(-1)^{2+3}|A_{23}| = (-\frac{1}{2})\begin{vmatrix} 1 & 1 \\ 3 & 1 \end{vmatrix} = 1$$

$$a_{33}^{(-1)} = \frac{A_{33}}{2} = \frac{1}{2}(-1)^{3+3}|A_{33}| = \frac{1}{2}\begin{vmatrix} 1 & 1 \\ 1 & 0 \end{vmatrix} = -\frac{1}{2}$$

Damit lautet die Inverse

$$A^{-1} = \begin{bmatrix} -1 & -1 & 1 \\ \frac{5}{2} & 2 & -\frac{3}{2} \\ \frac{1}{2} & 1 & -\frac{1}{2} \end{bmatrix}$$

und es gilt:

$$\begin{bmatrix} 1 & 1 & -1 \\ 1 & 0 & 2 \\ 3 & 1 & 1 \end{bmatrix}\begin{bmatrix} -1 & -1 & 1 \\ \frac{5}{2} & 2 & -\frac{3}{2} \\ \frac{1}{2} & 1 & -\frac{1}{2} \end{bmatrix} = \begin{bmatrix} -1 & -1 & 1 \\ \frac{5}{2} & 2 & -\frac{3}{2} \\ \frac{1}{2} & 1 & -\frac{1}{2} \end{bmatrix}\begin{bmatrix} 1 & 1 & -1 \\ 1 & 0 & 2 \\ 3 & 1 & 1 \end{bmatrix} = \begin{bmatrix} 1 & 0 & 0 \\ 0 & 1 & 0 \\ 0 & 0 & 1 \end{bmatrix}$$

$$A \cdot A^{-1} \qquad = \qquad A^{-1} \cdot A \qquad = \qquad I$$

Ergänzend sei noch festgehalten, daß sich für eine invertierbare (2×2)-Matrix A Formel (5.18) zu

$$(5.19) \quad A^{-1} = \frac{1}{a_{11}a_{22}-a_{12}a_{21}}\begin{bmatrix} a_{22} & -a_{12} \\ -a_{21} & a_{11} \end{bmatrix} = \frac{1}{|A|}\begin{bmatrix} a_{22} & -a_{12} \\ -a_{21} & a_{11} \end{bmatrix}$$

vereinfacht.

Sei etwa

$$A = \begin{bmatrix} 1 & 0 \\ -2 & 3 \end{bmatrix},$$

dann ist $|A| = 3 \neq 0$ und demnach invertierbar, und man er-
hält mit (5.19) als Inverse

$$A^{-1} = \frac{1}{3}\begin{bmatrix} -3 & 0 \\ 2 & 1 \end{bmatrix}.$$

Als Beispiel einer nicht invertierbaren Matrix geben wir

$A = \begin{bmatrix} -1 & 2 \\ 1 & -2 \end{bmatrix}$ an. Es ist $|A| = 0$.

Für höherdimensionale Matrizen ist die Berechnung der Inversen recht aufwendig. Aus diesem Grunde verwendet man in
solchen Fällen zweckmäßigerweise entsprechende Unterpro-
gramme, die an allen Rechenanlagen implementiert sind.
Auch bei programmierbaren Taschenrechnern findet man in
den zur Verfügung stehenden Programmmoduln stets Unterpro-
gramme zur Matrixinversion.

Schließlich werden zum Schluß dieses Abschnitts noch einige wichtige Folgerungen für orthogonale Matrizen erläutert.
Gemäß Definition (5.8) ist eine Matrix P orthogonal, wenn

$$P'P = PP' = I$$

gilt.

Wegen der Eindeutigkeit der Inversen, falls sie existiert,
ist also eine Matrix P genau dann orthogonal, wenn

$$P^{-1} = P' \text{ ist.}$$

Eine orthogonale Matrix P besitzt folgende Eigenschaften:

P ist invertierbar.

|P| = + 1 oder -1.

Die Spaltenvektoren von P sind paarweise orthonormal.

Dasselbe gilt für die Zeilenvektoren.

5.6 Lineare Abhängigkeit von Vektoren und der Rang einer Matrix

Ein Vektor b heißt <u>Linearkombination</u> der Vektoren $a_1, \ldots, a_n$, wenn es (reelle) Zahlen $\alpha_1, \ldots, \alpha_n$ gibt, so daß

$$(5.20) \quad b = \alpha_1 a_1 + \ldots + \alpha_n a_n = \sum_{i=1}^{n} \alpha_i a_i$$

ist.

Beispielsweise ist der Vektor $b = \begin{bmatrix} 5 \\ 7 \\ 0 \end{bmatrix}$ eine Linearkombination der Vektoren

$$a_1 = \begin{bmatrix} 1 \\ 2 \\ 1 \end{bmatrix}, \quad a_2 = \begin{bmatrix} -3 \\ 0 \\ 2 \end{bmatrix}, \quad a_3 = \begin{bmatrix} 0 \\ 1 \\ 0 \end{bmatrix}, \text{ da wegen}$$

$$\begin{bmatrix} 5 \\ 7 \\ 0 \end{bmatrix} = 2 \begin{bmatrix} 1 \\ 2 \\ 1 \end{bmatrix} + (-1) \begin{bmatrix} -3 \\ 0 \\ 2 \end{bmatrix} + 3 \begin{bmatrix} 0 \\ 1 \\ 0 \end{bmatrix}$$

$b = 2a_1 - a_2 + 3a_3$ gilt.

Zur graphischen Veranschaulichung dient ein Beispiel aus dem R^2. Der Vektor $b = \begin{bmatrix} 5 \\ 5 \end{bmatrix}$ ist eine Linearkombination der Vektoren $a_1 = \begin{bmatrix} 1 \\ 2 \end{bmatrix}$ und $a_2 = \begin{bmatrix} 3 \\ 1 \end{bmatrix}$, nämlich

$$b = 2a_1 + a_2$$

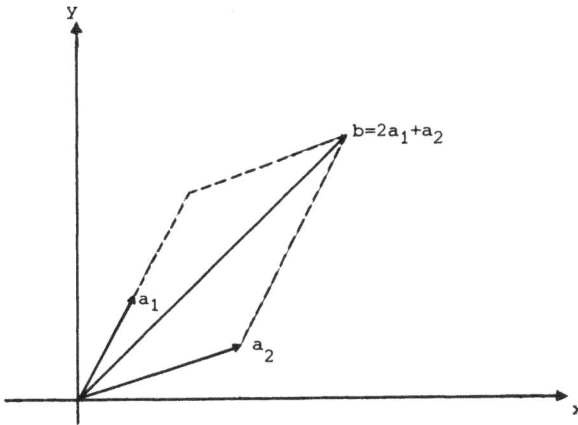

Betrachten wir nun einen ganz speziellen Vektor b, nämlich
den Nullvektor O. Man kann auf triviale Weise den Nullvektor als Linearkombination von n Vektoren $a_1, a_2, \ldots, a_n$ darstellen, indem man $\alpha_1 = \alpha_2 = \ldots = \alpha_n = O$ setzt, dann ist
nämlich $O = Oa_1 + Oa_2 + \ldots + Oa_n$.

Wir betrachten jetzt den Fall, daß nicht alle $\alpha_i = O$ sind.

Die Vektoren $a_1, a_2, \ldots, a_n$ heißen <u>linear abhängig</u>, wenn
es (reelle) Zahlen $\alpha_1, \alpha_2, \ldots, \alpha_n$ gibt, die nicht alle O
sind, so daß

$$(5.21) \quad \sum_{i=1}^{n} \alpha_i a_i = O$$

gilt.
Anderenfalls heißen sie <u>linear unabhängig</u>, d.h. der Nullvektor läßt sich nur auf triviale Weise als Linearkombination der Vektoren a_i darstellen:

$$\text{Aus } \sum_{i=1}^{n} \alpha_i a_i = O \text{ folgt } \alpha_1 = \alpha_2 = \ldots = \alpha_n = O.$$

Die vier Vektoren a_1, a_2, a_3 und $a_4 = b$ aus dem Beispiel zu
(5.20) sind linear abhängig, da aus

$$a_4 = b = 2a_1 - a_2 + 3a_3 \text{ folgt: } 2a_1 - a_2 + 3a_3 - a_4 = O,$$

wobei sogar alle α_i ($\alpha_1=2$, $\alpha_2=-1$, $\alpha_3=3$, $\alpha_4=-1$) von Null verschieden sind.

Daß die obigen vier 3-dimensionalen Vektoren linear abhängig sind, folgt auch ganz allgemein aus der folgenden Regel:

> Mehr als m m-dimensionale Vektoren sind stets linear
> abhängig.

Die drei Vektoren

$$a_1 = \begin{bmatrix} 1 \\ 0 \\ 2 \end{bmatrix}, \quad a_2 = \begin{bmatrix} 1 \\ 1 \\ C \end{bmatrix}, \quad a_3 = \begin{bmatrix} 0 \\ 3 \\ 0 \end{bmatrix}$$

sind dagegen linear unabhängig, denn aus

$$\alpha_1 \begin{bmatrix} 1 \\ 0 \\ 2 \end{bmatrix} + \alpha_2 \begin{bmatrix} 1 \\ 1 \\ C \end{bmatrix} + \alpha_3 \begin{bmatrix} 0 \\ 3 \\ 0 \end{bmatrix} = \begin{bmatrix} 0 \\ 0 \\ 0 \end{bmatrix}$$

folgt

$$\begin{aligned} \alpha_1 + \alpha_2 \qquad &= 0 \\ \alpha_2 + 3\alpha_3 &= 0 \\ 2\alpha_1 \qquad\qquad &= 0 \end{aligned}$$

und daraus ergibt sich $\alpha_1 = \alpha_2 = \alpha_3 = 0$, also gilt

$$0 = \sum_{i=1}^{3} \alpha_i a_i \text{ nur für } \alpha_1 = \alpha_2 = \alpha_3 = 0.$$

Betrachten wir nun die Spaltenvektoren und Zeilenvektoren
einer Matrix A.

> Dann heißt die Maximalzahl der linear unabhängigen
> Spaltenvektoren der <u>Spaltenrang</u> von A und die Maximal-
> zahl der linear unabhängigen Zeilenvektoren der <u>Zeilen-</u>
> <u>rang</u> von A.
>
> Es ist nun der Spaltenrang von A gleich dem Zeilen-
> rang von A. Diese eindeutig bestimmte Zahl heißt <u>Rang</u>
> von A und wird mit $rg(A)$ bezeichnet.

Für den Rang einer $(n \times m)$-Matrix A gilt:

$$rg(A) \leq \min\{n,m\}.$$

Daraus folgt insbesondere für eine quadratische Matrix
der Ordnung n: $rg(A) \leq n$.
Gilt für eine (n×m)-Matrix A:
$rg(A) = \min\{n,m\}$, so sagt man, A besitze <u>vollen Rang</u>.

Eine quadratische Matrix mit vollem Rang heißt <u>regulär</u>
($rg(A) = n$), anderenfalls <u>singulär</u> ($rg(A) < n$). Sie
ist genau dann regulär, wenn $|A| \neq 0$, also auch genau
dann, wenn A invertierbar ist.

Singuläre Matrizen sind folglich nicht invertierbar, d.h.
es existiert keine Inverse A^{-1}.

Im folgenden werden einige wichtige Rechenregeln für den
Rang von Matrizen angegeben:

(5.22) $rg(A) = rg(A')$

(5.23) $rg(AB) \leq \min\{rg(A), rg(B)\}$

(5.24) $rg(A'A) = rg(A) = rg(AA')$

(5.25) $rg(BA) = rg(A) = rg(AC)$

        für reguläre Matrizen B und C.

Aus (5.24) folgt insbesondere, daß die aus einer (n×m)-Ma-
trix A gebildete quadratische (m×m)-Matrix A'A genau dann
regulär und damit invertierbar ist, wenn $rg(A) = m$ ist,
d.h. wenn A vollen Spaltenrang besitzt. Dies spielt eine
wichtige Rolle im Modell der <u>multiplen Regression</u>, insbesondere bei der Schätzung der Regressionsparameter nach
der Methode der kleinsten Quadrate. Man vergleiche dazu
die Ausführungen am Ende von Kapitel 6.

Um den Rang einer (n×m)-Matrix A explizit berechnen zu können, benötigt man den Begriff der "elementaren Umformung".

Unter einer <u>elementaren Zeilenumformung</u> (<u>Spaltenumformung</u>) von A versteht man einen der drei folgenden Vorgänge:

(5.26) Vertauschung zweier Zeilen (Spalten)

(5.27) Multiplikation einer Zeile (Spalte) mit einer Zahl $\alpha \neq 0$

(5.28) Addition eines beliebigen Vielfachen einer Zeile (Spalte) zu einer anderen (nicht derselben) Zeile (Spalte).

Mit Hilfe dieser elementaren Umformungen, durch die der Rang der (n×m)-Matrix A nicht geändert wird, läßt sich A auf die <u>Stufenmatrix</u>

$$
B = \left.\begin{bmatrix}
b_{11}\cdots b_{1r} & b_{1r+1}\cdots b_{1m} \\
0\ \ \cdots b_{2r} & b_{2r+1}\cdots b_{2m} \\
\cdot\quad\ \ \cdot & \cdot\qquad\ \cdot \\
\cdot\quad\ \ \cdot & \cdot\qquad\ \cdot \\
0\,\cdots\,b_{rr} & b_{rr+1}\cdots b_{rm} \\
0\,\cdots\,0 & 0\,\cdots\quad 0 \\
\cdot\qquad\cdot & \cdot\qquad\ \cdot \\
\cdot\qquad\cdot & \cdot\qquad\ \cdot \\
0\,\cdots\,0 & 0\,\cdots\quad 0
\end{bmatrix}\right\} \begin{matrix} r \\ \\ \\ n-r \\ \\ \\ \end{matrix}
\qquad\text{bzw. } \underline{\text{kanonische Form}}\ K = \begin{bmatrix} I_r & 0 \\ 0 & 0 \end{bmatrix}
$$

$$\underbrace{\qquad}_{r}\ \underbrace{\qquad}_{m-r}$$

bringen, aus der man direkt ablesen kann:

(5.29) $rg(A) = rg(B) = rg(K) = r$

Betrachten wir als Beispiel die (3×3)-Matrix:

$$
A = \begin{bmatrix}
2 & 1 & -1 \\
1 & 0 & 2 \\
3 & 1 & 1
\end{bmatrix}
$$

Dann ergibt sich mit Hilfe der folgenden elementaren Umformungen von A:

```
            2  1 -1
       A    1  0  2
            3  1  1              Vertauschen der 1.und 2. Zei-
            1  0  2              le
            2  1 -1
            3  1  1              Addieren des (-2)fachen der
            1  0  2              1.Zeile zur 2.Zeile und des
(5.30)      0  1 -5              (-3)fachen der 1.Zeile zur
            0  1 -5              3.Zeile
            1  0 | 2             Addieren des (-1)fachen der
       B    0  1 |-5             2.Zeile zur 3.Zeile
            0  0 | 0
            1  0 | 0             Addieren des (-2)fachen der
            0  1 | 0             1.Spalte und des 5fachen der
       K    0  0 | 0             2.Spalte zur 3.Spalte
```

elementare
Zeilenumfor-
mungen

elementare
Spaltenum-
formungen

die Matrix

$$
K = \begin{bmatrix} 1 & 0 & | & 0 \\ 0 & 1 & | & 0 \\ \hline 0 & 0 & | & 0 \end{bmatrix} = \begin{bmatrix} I_2 & 0 \\ 0 & 0 \end{bmatrix},
$$

womit man wegen (5.29) rg(A) = rg(B) = rg(K) = 2 erhält.

Die auf eine (n×m)-Matrix A angewandten elementaren Umformungen kann man auch durch Multiplikation von A mit geeigneten regulären Matrizen, sogenannten Elementarmatrizen,
erzielen; und zwar werden elementare Zeilenumformungen
durch Multiplikation von links und elementare Spaltenumformungen durch Multiplikation von rechts erreicht. Dabei
bleibt wegen der Regularität der Elementarmatrizen der Rang
von A gemäß (5.25) erhalten.

Entsprechend den in (5.26) bis (5.28) definierten elementaren Umformungen gibt es drei Typen von Elementarmatrizen,
die sich im folgenden zwar aus Gründen der Anschaulichkeit
speziell auf die 1. und 2. Zeile beziehen, aber in Verall-
gemeinerung davon auf völlig analoge Weise für die i-te
und j-te Zeile definiert werden können:

$$
E^{(1)} = \begin{bmatrix} 0 & 1 & 0 \ldots 0 \\ 1 & 0 & 0 \ldots 0 \\ 0 & 0 & 1 \ldots 0 \\ \cdot & \cdot & \cdot \quad \cdot \\ \cdot & \cdot & \cdot \quad \cdot \\ \cdot & \cdot & \cdot \quad \cdot \\ 0 & 0 & 0 \ldots 1 \end{bmatrix}
$$

$$E^{(2)} = \begin{bmatrix} 1 & 0 & 0...0 \\ 0 & b & 0...0 \\ 0 & 0 & 1...0 \\ . & . & . & . \\ . & . & . & . \\ . & . & . & . \\ 0 & 0 & 0...1 \end{bmatrix}$$

$$E^{(3)} = \begin{bmatrix} 1 & 0 & 0...0 \\ c & 1 & 0...0 \\ 0 & 0 & 1...0 \\ . & . & . & . \\ . & . & . & . \\ . & . & . & . \\ 0 & 0 & 0...1 \end{bmatrix}$$

wobei $E^{(1)}A$ bewirkt, daß die 1. und 2. Zeile von A vertauscht wird, $E^{(2)}A$ bewirkt, daß die 2. Zeile von A mit b multipliziert wird und $E^{(3)}A$ bewirkt, daß das c-fache der 1. Zeile zur 2. Zeile von A addiert wird. Multiplikation der transponierten Elementarmatrizen mit A von rechts ergibt die entsprechenden elementaren Spaltenumformungen.

So lassen sich die auf A in (5.30) angewandten elementaren Umformungen durch folgende sukzessive Multiplikationen von Elementarmatrizen mit A auf äquivalente Weise darstellen:

$$\underbrace{\begin{bmatrix} 1 & 0 & 0 \\ 0 & 1 & 0 \\ 0 & -1 & 1 \end{bmatrix}}_{E_4} \underbrace{\begin{bmatrix} 1 & 0 & 0 \\ 0 & 1 & 0 \\ -3 & 0 & 1 \end{bmatrix}}_{E_3} \underbrace{\begin{bmatrix} 1 & 0 & 0 \\ -2 & 1 & 0 \\ 0 & 0 & 1 \end{bmatrix}}_{E_2} \underbrace{\begin{bmatrix} 0 & 1 & 0 \\ 1 & 0 & 0 \\ 0 & 0 & 1 \end{bmatrix}}_{E_1} \underbrace{\begin{bmatrix} 2 & 1 & -1 \\ 1 & 0 & 2 \\ 3 & 1 & 1 \end{bmatrix}}_{A} \underbrace{\begin{bmatrix} 1 & 0 & -2 \\ 0 & 1 & 0 \\ 0 & 0 & 1 \end{bmatrix}}_{E_5} \underbrace{\begin{bmatrix} 1 & 0 & 0 \\ 0 & 1 & 5 \\ 0 & 0 & 1 \end{bmatrix}}_{E_6} =$$

elementare Zeilenumformungen   elementare Spaltenum-
in (5.30)   formungen in (5.30)

$$= \left[\begin{array}{cc|c} 1 & 0 & 0 \\ 0 & 1 & 0 \\ \hline 0 & 0 & 0 \end{array} \right]$$

$$K$$

Die rangerhaltende Reduktion einer Matrix A auf kanonische Form mit Hilfe elementarer Umformungen läßt sich kurz in folgendem Faktorisierungssatz zusammenfassen:

(5.31) <u>Satz</u>

Zu jeder (n×m)-Matrix A mit rg(A) = r gibt es zwei reguläre Matrizen Q_1 und Q_2, so daß gilt:

$$(5.32) \quad Q_1 A Q_2 = \begin{bmatrix} I_r & O \\ O & O \end{bmatrix},$$

wobei Q_1 den elementaren Zeilenoperationen und Q_2 den
elementaren Spaltenoperationen entspricht.

Zum Beispiel gilt für die (3×3)-Matrix A in (5.30):

$$Q_1 A Q_2 = \begin{bmatrix} I_2 & O \\ O & O \end{bmatrix} \text{ mit } Q_1 = E_4 E_3 E_2 E_1 \text{ und } Q_2 = E_5 E_6.$$

Man kann nun die Inverse einer regulären Matrix A allein
mit elementaren Zeilenumformungen einfach berechnen, denn
für eine reguläre (n×n)-Matrix A gilt als Spezialfall von
(5.32):

$$Q_1 A = I_n.$$

Multiplikation beider Seiten der Gleichung von rechts mit
A^{-1} ergibt:

$$Q_1 I_n = A^{-1}.$$

Das bedeutet aber gerade, daß dieselben durch Q_1 festgelegten elementaren Zeilenoperationen, die A in die Einheitsmatrix I_n überführen, auch die Einheitsmatrix I_n in die
Inverse A^{-1} von A überführen. Man kann also A^{-1} dadurch berechnen, indem man geeignete elementare Zeilenumformungen
auf die erweiterte Matrix $[A, I_n]$ (also simultan auf A und
I_n) anwendet und diese in die erweiterte Matrix $[I_n, A^{-1}]$
überführt, aus der man A^{-1} direkt ablesen kann.

Betrachten wir nochmals die invertierbare Matrix
$A = \begin{bmatrix} 1 & 1 & -1 \\ 1 & 0 & 2 \\ 3 & 1 & 1 \end{bmatrix}$. Dann erhält man unter Anwendung elementarer
Zeilenumformungen auf $[A, I_3]$:

$$
\begin{array}{ccc|ccc}
\multicolumn{3}{c}{A} & \multicolumn{3}{c}{I_3} \\
\hline
1 & 1 & -1 & 1 & 0 & 0 \\
1 & 0 & 2 & 0 & 1 & 0 \\
3 & 1 & 1 & 0 & 0 & 1 \\
\hline
1 & 1 & -1 & 1 & 0 & 0 \\
0 & -1 & 3 & -1 & 1 & 0 \\
0 & -2 & 4 & -3 & 0 & 1 \\
\hline
1 & 1 & -1 & 1 & 0 & 0 \\
0 & 1 & -3 & 1 & -1 & 0 \\
0 & 0 & -2 & -1 & -2 & 1 \\
\hline
1 & 1 & -1 & 1 & 0 & 0 \\
0 & 1 & -3 & 1 & -1 & 0 \\
0 & 0 & 1 & \frac{1}{2} & 1 & -\frac{1}{2} \\
\hline
1 & 1 & 0 & \frac{3}{2} & 1 & -\frac{1}{2} \\
0 & 1 & 0 & \frac{5}{2} & 2 & -\frac{3}{2} \\
0 & 0 & 1 & \frac{1}{2} & 1 & -\frac{1}{2} \\
\hline
1 & 0 & 0 & -1 & -1 & 1 \\
0 & 1 & 0 & \frac{5}{2} & 2 & -\frac{3}{2} \\
0 & 0 & 1 & \frac{1}{2} & 1 & -\frac{1}{2} \\
\multicolumn{3}{c}{I_3} & \multicolumn{3}{c}{A^{-1}}
\end{array}
$$

Also ist

$$
A^{-1} = \begin{bmatrix} -1 & -1 & 1 \\ \frac{5}{2} & 2 & -\frac{3}{2} \\ \frac{1}{2} & 1 & -\frac{1}{2} \end{bmatrix}
$$

und stimmt natürlich mit dem im Beispiel zu (5.18) erhaltenen Ergebnis überein.

Zum Schluß dieses Kapitels wird noch eine Anwendungsmöglichkeit der behandelten Matrizenoperationen sowie der elementaren Zeilen- und Spaltenumformungen diskutiert, die bei der Analyse sozialer Strukturen oder Kommunikationsnetze von Nutzen ist.[*)]

Den Ausgangspunkt bildet eine binäre Relation $R \subseteq M \times M$ auf einer Menge M von n Individuen $m_1, \ldots, m_n$. Entsprechend dem Beispiel (3) in Abschnitt 5.1 läßt sich eine binäre Relation auf einer endlichen Menge in Matrixform darstellen. Dabei legt man

---

*) Vgl. z.B. Kemeny et al. (1963), Kap. 7, Leik und Meeker (1975), Kap. 5 oder Rapoport (1980), S. 207 ff.

$a_{ij} = 1$ gdw. (genau dann, wenn) $m_i R m_j$ und $a_{ij} = 0$ anderenfalls

fest und die resultierende quadratische. (n×n)-Matrix A, in der jede Person durch eine Zeile und eine Spalte repräsentiert wird, besteht nur aus Einsen und Nullen.

Beispiel:

In einer Gruppe von 10 Personen wird jede Person aufgefordert, alle Mitglieder der Gruppe anzugeben, die sie als Freund bezeichnet. Es ergibt sich die folgende Matrix A:

	1	2	3	4	5	6	7	8	9	10
1	0	0	1	0	0	1	0	0	0	0
2	1	0	0	0	1	0	0	0	0	0
3	1	0	0	0	0	1	0	0	0	0
4	0	0	0	0	0	0	0	1	1	1
5	0	0	1	0	0	0	0	0	1	1
6	1	0	1	0	0	0	0	0	0	0
7	0	0	0	1	0	0	0	1	1	0
8	0	0	0	1	0	0	1	0	1	0
9	0	0	0	1	0	0	1	1	0	0
10	1	0	1	0	0	0	0	0	0	0

Falls R reflexiv ist, gilt $a_{ii} = 1$ ($i = 1,\ldots,n$), im Falle einer symmetrischen Relation ist auch A eine symmetrische Matrix, d.h. $a_{ij} = a_{ji}$, und bei einer asymmetrischen Relation ist $a_{ii} = 0$ und $a_{ij} = 1$ gdw. $a_{ji} = 0$ ist.

Bei der Analyse sozialer Strukturen aufgrund einer Freundschaftsrelation sind sog. "exklusive Cliquen" von Bedeutung. Die Mitglieder einer exklusiven Clique nennen nur Individuen in der Clique und niemanden außerhalb der Clique als Freunde. Die Cliquenstruktur ist in der ursprünglichen Matrix nicht immer unmittelbar ersichtlich, sondern wird erst durch geeignete Zeilen- und Spaltenumformungen, insbesondere durch entsprechende Vertauschung von Zeilen bzw. Spalten, sichtbar.

Beispiel:

In obigem Beispiel erhält man durch Zeilen- bzw. Spalten-
vertauschungen die Matrix

	1	3	6	2	5	10	4	7	8	9
1	O	1	1	O	O	O	O	O	O	O
3	1	O	1	O	O	O	O	O	O	O
6	1	1	O	O	O	O	O	O	O	O
2	1	O	O	O	1	O	O	O	O	O
5	O	1	O	O	O	1	O	O	O	1
10	1	1	O	O	O	O	O	O	O	O
4	O	O	O	O	O	O	O	1	1	1
7	O	O	O	O	O	O	1	O	1	1
8	O	O	O	O	O	O	1	1	O	1
9	O	O	O	O	O	O	1	1	1	O

Werden die Individuen der Gruppe auf diese Weise umgrup-
piert, läßt sich unschwer erkennen, daß die Individuen
m_1, m_3 und m_6 sowie m_4, m_7, m_8 und m_9 jeweils eine exklusive
Clique bilden.

Cliquen können als Teilmatrizen mit ausschließlich positiven Elementen außerhalb der Hauptdiagonalen dargestellt
werden oder als Teilmatrizen mit hohen "Dichtigkeiten" der
positiven Elemente, falls die Kriterien der Clique nicht
so restriktiv festgelegt werden (RAPOPORT, 1980, S. 209).

Betrachten wir nun die Relation

"kann mit ... kommunizieren".

Dann bedeutet $a_{ij} = 1$, daß m_i eine Nachricht direkt an m_j
übermitteln kann, anderenfalls ist $a_{ij} = 0$. In derartigen
"Kommunikationsmatrizen" gibt es neben der direkten Nachrich-
tenübermittlung auch die Möglichkeit von zwei oder mehr-
stufigen Kommunikationen. Diese können auf einfache Weise
aus den Potenzen A^k der Kommunikationsmatrix ermittelt werden. Bezeichnet man z.B. die Elemente von A^2 mit $a_{ij}^{(2)}$, so
folgt aus der Matrizenmultiplikation

$$a_{ij}^{(2)} = \sum_{k=1}^{n} a_{ik} \, a_{kj},$$

daß $a_{ij}^{(2)}$ nur dann positiv ist, wenn für mindestens ein k gilt: $a_{ik} \cdot a_{kj} = 1$, d.h. $a_{ik} = a_{kj} = 1$. Bei der Analyse eines Kommunikationsnetzes weiß man in einem solchen Fall, daß m_i über (mindestens) ein Zwischenglied mit m_j kommunizieren kann. Allgemein bedeutet $a_{ij}^{(r)} > 0$, daß mindestens ein "Weg" von m_i nach m_j unter den Kommunikationswegen der Länge (r-1) existiert.

Kann m_i überhaupt mit m_j kommunizieren, so muß dies entweder direkt geschehen oder über höchstens (n-2) Zwischenglieder, da die Menge M außer m_i und m_j nur noch (n-2) Mitglieder enthält. Demnach enthält die Summe der Matrizen

$$A + A^2 + \ldots + A^{n-1}$$

die vollständige Information darüber, wer mit wem im Kommunikationsnetz M kommunizieren kann.

Weiterführende Literatur:

Bishir, Drewes (1970), Gantmacher (1970), Graybill (1969), Green, Carroll (1976), Hadley (1961), Horst (1963), Jänich (1979), Kochendörffer (1967), Searle (1966), Zurmühl (1964).

6. Kapitel: Lineare Gleichungssysteme

In Abschnitt 2.2 hatten wir ein Beispiel für zwei lineare
Gleichungen mit zwei Unbekannten diskutiert, nämlich

$$(6.1) \qquad \begin{array}{rcl} 3x_1 + 7x_2 & = & 19 \\ 2x_1 - x_2 & = & 7 \end{array}$$

wobei hier die beiden Unbekannten mit x_1 und x_2 anstatt
mit x und y bezeichnet werden.

Allgemein nennt man n lineare Gleichungen

$$\begin{array}{rcl} a_{11}x_1 + a_{12}x_2 + \cdots + a_{1m}x_m & = & b_1 \\ a_{21}x_1 + a_{22}x_2 + \cdots + a_{2m}x_m & = & b_2 \\ \vdots \qquad \vdots \qquad\qquad \vdots \qquad & & \vdots \\ a_{n1}x_1 + a_{n2}x_2 + \cdots + a_{nm}x_m & = & b_n \end{array}$$

ein <u>lineares Gleichungssystem</u> von n Gleichungen mit
(in) m Unbekannten.

Bildet man die (n×m)-Matrix A und die Vektoren x und b
gemäß

$$A = \begin{bmatrix} a_{11} & a_{12} \cdots a_{1m} \\ a_{21} & a_{22} \cdots a_{2m} \\ \cdot & \cdot \qquad \cdot \\ \cdot & \cdot \qquad \cdot \\ \cdot & \cdot \qquad \cdot \\ a_{n1} & a_{n2} \cdots a_{nm} \end{bmatrix}, \quad x = \begin{bmatrix} x_1 \\ x_2 \\ \cdot \\ \cdot \\ \cdot \\ x_m \end{bmatrix}, \quad b = \begin{bmatrix} b_1 \\ b_2 \\ \cdot \\ \cdot \\ \cdot \\ b_n \end{bmatrix},$$

so läßt sich das lineare Gleichungssystem in der übersichtlichen Kurzform

$$(6.2) \qquad \underset{(n \times m)}{A} \; \underset{(m \times 1)}{x} = \underset{(n \times 1)}{b}$$

schreiben. A heißt <u>Koeffizientenmatrix</u>, und ein Vektor
$x \in \mathbb{R}^m$, der die Gleichung Ax = b erfüllt, heißt <u>Lösung</u>
(<u>Lösungsvektor</u>) des linearen Gleichungssystems.

Das Beispiel (6.1) lautet in Matrizenschreibweise (6.2):

$$\begin{bmatrix} 3 & 7 \\ 2 & -1 \end{bmatrix} \begin{bmatrix} x_1 \\ x_2 \end{bmatrix} = \begin{bmatrix} 19 \\ 7 \end{bmatrix}.$$

$$\quad A \qquad\quad x \qquad\quad b$$

Nach Abschnitt 2.2 ist

$$x = \begin{bmatrix} 4 \\ 1 \end{bmatrix}$$

eine Lösung dieses linearen Gleichungssystems.

Ganz allgemein stellt sich bei einem linearen Gleichungssystem $Ax = b$ die Frage, ob es überhaupt lösbar ist - z.B.
existiert für das Gleichungssystem

$$\begin{aligned} x_1 + x_2 &= 1 \\ x_1 + x_2 &= 0 \end{aligned}$$

keine Lösung, da die Summe von zwei Zahlen nicht gleichzeitig 1 und 0 sein kann - und wenn es lösbar ist, wieviele Lösungen es gibt und wie sie konkret bestimmt werden.

Hier zeigt sich nun, daß der entscheidende Grund für die
Verwendung von Matrizen und Vektoren bei der Behandlung
von linearen Gleichungssystemen nicht so sehr in dem daraus
sich ergebenden Vorteil der übersichtlicheren optischen
Darstellung liegt, sondern darin, daß man mit Hilfe des
Ranges der Koeffizientenmatrix A bzw. der erweiterten Matrix $[A,b]$ einfache Kriterien für die Lösbarkeit linearer
Gleichungssysteme angeben kann, wie im folgenden ausführlich erörtert werden wird.

> Ein lineares Gleichungssystem $Ax = b$ heißt <u>homogen</u>,
> falls $b = 0$ ist, und <u>inhomogen</u>, falls $b \neq 0$ ist.

$Ax = b$ ist also genau dann inhomogen, wenn mindestens eine
der Komponenten b_i ($i=1,2,\ldots,n$) von b ungleich Null ist.

Zum Beispiel ist

$$2x_1 + x_2 = 5$$
$$x_1 - 3x_2 = 0$$

ein inhomogenes lineares Gleichungssystem, während das
Gleichungssystem

$$-x_1 + 2x_2 - x_3 = 0$$
$$x_2 + x_3 = 0$$

homogen ist.

Wir wollen nun schrittweise vorgehen und zunächst die Lösbarkeit homogener linearer Gleichungssysteme untersuchen
und darauf aufbauend die allgemeine Lösung inhomogener Gleichungssysteme diskutieren.

6.1 Allgemeine Lösung eines homogenen linearen Gleichungssystems und deren konkrete Berechnung

Gegeben sei ein homogenes lineares Gleichungssystem

(6.3) $Ax = 0$

mit n Gleichungen und m Umbekannten.

Wie man leicht einsieht, ist $x = 0$ eine Lösung des Gleichungssystems (6.3), da trivialerweise $A0 = 0$ ist. Man nennt
deshalb $x = 0$ die _triviale_ Lösung des homogenen Gleichungssystems.

Uns interessiert nun, ob es auch _nichttriviale_ Lösungen,
d.h. ein oder mehrere $x \neq 0$ gibt, welche die Gleichung
$Ax = 0$ erfüllen.

Diese Frage läßt sich anhand folgender Regel einfach entscheiden:

(6.4) Satz

Ein homogenes lineares Gleichungssystem $Ax = O$ mit
n Gleichungen und m Unbekannten besitzt genau dann
nichttriviale Lösungen, wenn

$$rg(A) < m$$

ist.

Daraus ergibt sich:

(6.5) Satz

Ist bei einem homogenen linearen Gleichungssystem
$Ax = O$

$$rg(A) = m,$$

so besitzt es nur die triviale Lösung $x = O$.

In diesem Zusammenhang sei kurz daran erinnert, daß
$rg(A) \leq \min \{n,m\}$ ist, der Fall $rg(A) > m$ also niemals
eintreten kann.

Betrachten wir nun als Beispiel das folgende homogene lineare
Gleichungssystem $Ax = O$ mit drei Gleichungen und fünf Unbekannten:

$$
\begin{aligned}
-x_1 - x_2 + 2x_4 + x_5 &= O \\
x_1 + 2x_2 + x_3 + x_4 - 4x_5 &= O \\
x_2 + x_3 + 3x_4 - 3x_5 &= O
\end{aligned}
$$

(6.6)

Es ist $n = 3$, $m = 5$ und

$$
A = \begin{bmatrix} -1 & -1 & O & 2 & 1 \\ 1 & 2 & 1 & 1 & -4 \\ O & 1 & 1 & 3 & -3 \end{bmatrix}, \quad
x = \begin{bmatrix} x_1 \\ x_2 \\ x_3 \\ x_4 \\ x_5 \end{bmatrix}, \quad
O = \begin{bmatrix} O \\ O \\ O \end{bmatrix}.
$$

Den Rang der Koeffizientenmatrix A bestimmen wir mit Hilfe der elementaren Zeilenumformungen, vgl. dazu (5.26)-(5.28):

$$
A \quad
\begin{array}{rrrrr}
-1 & -1 & 0 & 2 & 1 \\
1 & 2 & 1 & 1 & -4 \\
0 & 1 & 1 & 3 & -3 \\
\end{array}
$$

$$
\begin{array}{rrrrr}
1 & 1 & 0 & -2 & -1 \\
1 & 2 & 1 & 1 & -4 \\
0 & 1 & 1 & 3 & -3 \\
\end{array}
$$

$$
\begin{array}{rrrrr}
1 & 1 & 0 & -2 & -1 \\
0 & 1 & 1 & 3 & -3 \\
0 & 1 & 1 & 3 & -3 \\
\end{array}
$$

$$
B \quad
\begin{array}{rrrrr}
1 & 1 & 0 & -2 & -1 \\
0 & 1 & 1 & 3 & -3 \\
0 & 0 & 0 & 0 & 0 \\
\end{array}
$$

Man erhält also gemäß (5.29):

rg(A) = rg(B) = 2.

Daraus ergibt sich wegen m = 5:

rg(A) < m,

so daß wir aufgrund von Regel (6.4) schließen können, daß das homogene lineare Gleichungssystem (6.6) nicht-triviale Lösungen besitzt.

Dies ergibt sich auch allgemein aus folgender Regel, die eine Konsequenz von (6.4) ist:

> Ein homogenes lineares Gleichungssystem $Ax = 0$ mit weniger Gleichungen als Unbekannten (n<m) besitzt stets nichttriviale Lösungen.

Genau dies ist bei dem aus 3 Gleichungen und 5 Unbekannten bestehenden Gleichungssystem (6.6) erfüllt. Eine weitere Folgerung aus (6.4) ergibt sich für den Fall, daß die Anzahl der Gleichungen gleich der Anzahl der Unbekannten ist:

> (6.7) <u>Satz</u>
>
> Ein homogenes lineares Gleichungssystem $Ax = 0$ mit n Gleichungen und n Unbekannten besitzt genau dann nichttriviale Lösungen, wenn seine (n×n)-Koeffizientenmatrix singulär ist. Dies ist genau dann der Fall, wenn
>
> $$|A| = 0$$
>
> ist.

Diese Bedingung spielt in der Theorie der Eigenwerte, die im folgenden Kapitel 7 kurz gestreift wird, eine entscheidende Rolle.

Nach (6.7) besitzt zum Beispiel das Gleichungssystem

$$x_1 + x_2 - x_3 = 0$$
$$x_1 \quad\;\; + 2x_3 = 0$$
$$3x_1 + x_2 + x_3 = 0$$

nur die triviale Lösung x = O, da die Koeffizientenmatrix

$$A = \begin{bmatrix} 1 & 1 & -1 \\ 1 & O & 2 \\ 3 & 1 & 1 \end{bmatrix}$$

wegen rg(A) = 3 regulär, und somit |A| ≠ O ist.

Zusammenfassend ist also festzuhalten, daß ein homogenes lineares Gleichungssystem Ax = O nur für rg(A) < m nichttriviale Lösung besitzt. Dies ist im Falle n < m (weniger Gleichungen als Unbekannte) nach obiger Regel ohne konkrete Rangbestimmung sofort entscheidbar.

Wir wollen nun im einzelnen darlegen, wie man nichttriviale Lösungen von homogenen linearen Gleichungssystemen konkret bestimmen kann.

Gegeben sei also ein homogenes lineares Gleichungssystem Ax = O mit n Gleichungen und m Unbekannten, für das rg(A) < m erfüllt sei. Wir setzen nun rg(A) = r und d = m-r. Dann gilt folgende Formel:

(6.8) Satz

Sind $x^{(1)}, x^{(2)}, \ldots, x^{(d)}$ d linear unabhängige Lösungsvektoren des Gleichungssystems Ax = O (d.h. $Ax^{(1)} = O$, $Ax^{(2)} = O, \ldots, Ax^{(d)} = O$), so lautet

$$x^* = \alpha_1 x^{(1)} + \alpha_2 x^{(2)} + \ldots + \alpha_d x^{(d)} \quad (\alpha_1, \alpha_2, \ldots, \alpha_d \in \mathbb{R})$$

die allgemeine Lösung des homogenen linearen Gleichungssystems Ax = O.

Bemerkung:

Offensichtlich kennt man dann die allgemeine Lösung von
Ax = 0, wenn man die d linear unabhängigen Lösungsvektoren
$x^{(1)}, x^{(2)}, \ldots, x^{(d)}$ gefunden hat. Dazu bringt man bei der
konkreten Berechnungsvorgehensweise die Koeffizientenmatrix A durch elementare Zeilenumformungen auf die Stufenmatrix B, ermittelt dabei gemäß (5.29) rg(A)=r und macht
den Ansatz:

$$(6.9)\quad x^{(1)} = \begin{bmatrix} x_1^{(1)} \\ x_2^{(1)} \\ \vdots \\ x_r^{(1)} \\ 1 \\ 0 \\ \vdots \\ 0 \end{bmatrix}, \quad x^{(2)} = \begin{bmatrix} x_1^{(2)} \\ x_2^{(2)} \\ \vdots \\ x_r^{(2)} \\ 0 \\ 1 \\ \vdots \\ 0 \end{bmatrix}, \ldots, x^{(d)} = \begin{bmatrix} x_1^{(d)} \\ x_2^{(d)} \\ \vdots \\ x_r^{(d)} \\ 0 \\ 0 \\ \vdots \\ 1 \end{bmatrix}.$$

Die jeweils ersten r Komponenten der d linear unabhängigen
Lösungsvektoren $x^{(1)}, x^{(2)}, \ldots, x^{(d)}$ sind unbekannt. Man erhält sie durch Lösen der d homogenen Gleichungssysteme

$$(6.10)\quad Bx^{(1)} = 0, \; Bx^{(2)} = 0, \ldots, Bx^{(d)} = 0.$$

Diese homogenen linearen Gleichungssysteme sind durch sukzessives Einsetzen direkt lösbar, da es sich um Stufensysteme handelt (die Koeffizientenmatrix B ist eine Stufenmatrix).

Da jede Lösung von Ax = 0 auch eine Lösung von Bx = 0 und
umgekehrt ist, erhält man mit (6.9), (6.10) und (6.8) auf
konkretem Wege die allgemeine Lösung des homogenen linearen Gleichungssystems Ax = 0.

Aus (6.8) folgt insbesondere:

> Wenn ein homogenes lineares Gleichungssystem Ax = 0
> nichttriviale Lösungen besitzt, dann sind es unend-
> lich viele.

Greifen wir nochmals Beispiel (6.6) auf:

$$
\begin{aligned}
- x_1 - x_2 \qquad + 2x_4 + x_5 &= 0 \\
x_1 + 2x_2 + x_3 + x_4 - 4x_5 &= 0 \\
x_2 + x_3 + 3x_4 - 3x_5 &= 0
\end{aligned}
$$

Wir hatten dort bereits $rg(A) = rg(B) = 2 < 5 = m$ mit

$$
B = \begin{bmatrix} 1 & 1 & 0 & -2 & -1 \\ 0 & 1 & 1 & 3 & -3 \\ 0 & 0 & 0 & 0 & 0 \end{bmatrix}
$$

errechnet und demgemäß mit Hilfe von Satz (6.4) festgestellt, das dieses homogene lineare Gleichungssystem nichttriviale Lösungen besitzt.

Aus $rg(A) = 2$ ergibt sich $d = 5 - 2 = 3$, so daß wir gemäß (6.9) folgenden Ansatz machen:

$$
x^{(1)} = \begin{bmatrix} x_1^{(1)} \\ x_2^{(1)} \\ 1 \\ 0 \\ 0 \end{bmatrix}, \quad x^{(2)} = \begin{bmatrix} x_1^{(2)} \\ x_2^{(2)} \\ 0 \\ 1 \\ 0 \end{bmatrix}, \quad x^{(3)} = \begin{bmatrix} x_1^{(3)} \\ x_2^{(3)} \\ 0 \\ 0 \\ 1 \end{bmatrix}
$$

und die 3 Stufensysteme

$$
B x^{(1)} = 0, \, B x^{(2)} = 0, \, \tilde{B} x^{(3)} = 0
$$

lösen. Aus

$$
\begin{bmatrix} 1 & 1 & 0 & -2 & -1 \\ 0 & 1 & 1 & 3 & -3 \\ 0 & 0 & 0 & 0 & 0 \end{bmatrix} \begin{bmatrix} x_1^{(1)} \\ x_2^{(1)} \\ 1 \\ 0 \\ 0 \end{bmatrix} = \begin{bmatrix} 0 \\ 0 \\ 0 \end{bmatrix}
$$

erhält man die Gleichungen

$$
\begin{aligned}
x_1^{(1)} + x_2^{(1)} \quad &= 0 \\
x_2^{(1)} + 1 &= 0
\end{aligned}
$$

so daß sich $x_1^{(1)} = 1$, $x_2^{(1)} = -1$ und damit $x^{(1)} = \begin{bmatrix} 1 \\ -1 \\ 1 \\ 0 \\ 0 \end{bmatrix}$ ergibt.

Analog erhält man aus

$$\begin{bmatrix} 1 & 1 & 0 & -2 & -1 \\ 0 & 1 & 1 & 3 & -3 \\ 0 & 0 & 0 & 0 & 0 \end{bmatrix} \begin{bmatrix} x_1^{(2)} \\ x_2^{(2)} \\ 0 \\ 1 \\ 0 \end{bmatrix} = \begin{bmatrix} 0 \\ 0 \\ 0 \end{bmatrix} \text{ die Gleichungen}$$

$$\begin{array}{r} x_1^{(2)} + x_2^{(2)} - 2 = 0 \\ x_2^{(2)} + 3 = 0 \end{array},$$

so daß sich $x_1^{(2)} = 5$, $x_2^{(2)} = -3$ und damit $x^{(2)} = \begin{bmatrix} 5 \\ -3 \\ 0 \\ 1 \\ 0 \end{bmatrix}$ ergibt.

Schließlich liefert

$$\begin{bmatrix} 1 & 1 & 0 & -2 & -1 \\ 0 & 1 & 1 & 3 & -3 \\ 0 & 0 & 0 & 0 & 0 \end{bmatrix} \begin{bmatrix} x_1^{(3)} \\ x_2^{(3)} \\ 0 \\ 0 \\ 1 \end{bmatrix} = \begin{bmatrix} 0 \\ 0 \\ 0 \end{bmatrix} \text{ die Gleichungen}$$

$$\begin{array}{r} x_1^{(3)} + x_2^{(3)} - 1 = 0 \\ x_2^{(3)} - 3 = 0 \end{array},$$

so daß man $x_1^{(3)} = -2$ $x_2^{(3)} = 3$ und damit $x^{(3)} = \begin{bmatrix} -2 \\ 3 \\ 0 \\ 0 \\ 1 \end{bmatrix}$ erhält.

Also lautet nach (6.8) die allgemeine Lösung:

$$x^* = \alpha_1 \begin{bmatrix} 1 \\ -1 \\ 1 \\ 0 \\ 0 \end{bmatrix} + \alpha_2 \begin{bmatrix} 5 \\ -3 \\ 0 \\ 1 \\ 0 \end{bmatrix} + \alpha_3 \begin{bmatrix} -2 \\ 3 \\ 0 \\ 0 \\ 1 \end{bmatrix} = \begin{bmatrix} \alpha_1 + 5\alpha_2 - 2\alpha_3 \\ -\alpha_1 - 3\alpha_2 + 3\alpha_3 \\ \alpha_1 \\ \alpha_2 \\ \alpha_3 \end{bmatrix} \quad (\alpha_1, \alpha_2, \alpha_3 \in \mathbb{R})$$

Dem Leser wird empfohlen, durch Einsetzen von x^* in das Gleichungssystem (6.6) die Richtigkeit der Lösung zu überprüfen.

Abschließend sei noch auf folgendes hingewiesen:

Für die Umwandlung der Koeffizientenmatrix A eines homogenen linearen Gleichungssystems Ax = 0 in eine Stufenmatrix
B braucht man lediglich elementare Zeilenumformungen durch-
zuführen.

Vertauscht man dennoch zwei Spalten von A miteinander,
z.B. die i-te mit der j-ten Spalte, so entspricht das

einer Vertauschung der Variablen x_i und x_j. Im Schlußer-
gebnis, d.h. bei den Lösungsvektoren, muß diese Vertauschung wieder rückgängig gemacht werden.

6.2 Allgemeine Lösung eines inhomogenen linearen Gleichungssystems und deren konkrete Berechnung

Gegeben sei ein inhomogenes lineares Gleichungssystem

$$Ax = b$$

mit n Gleichungen und m Unbekannten.

Wie wir bereits am Beispiel

$$x_1 + x_2 = 1$$
$$x_1 + x_2 = 0$$

gesehen hatten, braucht ein inhomogenes lineares Gleichungssystem nicht lösbar zu sein, während ein homogenes lineares Gleichungssystem in jedem Fall eine Lösung besitzt,
und sei es nur die triviale Lösung x = 0.

Es gibt nun eine einfache Bedingung, mit der man entscheiden kann, ob ein inhomogenes lineares Gleichungssystem
Ax = b lösbar ist oder nicht.

Dazu bildet man die um den Vektor b erweiterte Matrix A:

$$[A,b] = \begin{bmatrix} a_{11} & a_{12} & \cdots & a_{1m} & b_1 \\ a_{21} & a_{22} & \cdots & a_{2m} & b_2 \\ \vdots & \vdots & & \vdots & \vdots \\ a_{n1} & a_{n2} & \cdots & a_{nm} & b_n \end{bmatrix}$$

Dann gilt folgende Regel:

(6.11) <u>Satz</u>

Ein inhomogenes lineares Gleichungssystem $Ax = b$
ist genau dann lösbar, wenn

$$rg(A) = rg(A,b)$$

ist.

Betrachten wir nochmals das inhomogene lineare Gleichungssystem

$$x_1 + x_2 = 1$$
$$x_1 + x_2 = 0$$

Es ist

$$A = \begin{bmatrix} 1 & 1 \\ 1 & 1 \end{bmatrix}, \quad b = \begin{bmatrix} 1 \\ 0 \end{bmatrix}, \quad [A,b] = \begin{bmatrix} 1 & 1 & | & 1 \\ 1 & 1 & | & 0 \end{bmatrix},$$

und man erhält mit elementaren Zeilenumformungen

$$
\begin{array}{ll}
A \quad \begin{matrix} 1 & 1 \\ 1 & 1 \end{matrix} \\[1em]
\downarrow \quad \rule{2cm}{0.4pt} \quad rg(A)=rg(B)=1 \text{ und} \\[0.5em]
B \quad \begin{matrix} 1 & | & 1 \\ 0 & | & 0 \end{matrix}
\end{array}
\qquad
\begin{array}{ll}
\quad\quad A \quad b \\[0.3em]
[A,b] \quad \begin{matrix} 1 & 1 & | & 1 \\ 1 & 1 & | & 0 \end{matrix} \\[1em]
\downarrow \quad \rule{2cm}{0.4pt} \quad rg(A,b)=rg(B,c)=2. \\[0.5em]
[B,c] \quad \begin{matrix} 1 & 1 & | & 1 \\ 0 & | & 0 & | & -1 \end{matrix} \\[0.3em]
\quad\quad B \quad c
\end{array}
$$

Damit ist $rg(A) \neq rg(A,b)$, das heißt, das obige inhomogene
Gleichungssystem besitzt nach Regel (6.11) keine Lösung.

Wir wollen nun die allgemeine Lösung eines (lösbaren) inhomogenen linearen Gleichungssystems angeben und die konkrete Berechnungsmethode zur Ermittlung der Lösungen er-
örtern.

Gegeben sei ein inhomogenes lineares Gleichungssystem
$Ax = b$, für das $rg(A) = rg(A,b)$ erfüllt ist.

Dann gilt folgende Formel:

Ist $x^{(o)}$ eine spezielle Lösung des inhomogenen linearen Gleichungssystems $Ax = b$ (d.h. $Ax^{(o)} = b$) und
ist x^* die allgemeine Lösung des dazugehörigen homogenen linearen Gleichungssystems $Ax = 0$ (d.h. $Ax^* = 0$),
dann lautet

$$(6.12) \qquad x = x^{(o)} + x^*$$

die <u>allgemeine Lösung</u> des inhomogenen linearen Gleichungssystems $Ax = b$.

Die allgemeine Lösung eines inhomogenen linearen Gleichungssystems ergibt sich also als Summe einer speziellen Lösung
des inhomogenen linearen Gleichungssystems und der allgemeinen Lösung des dazugehörigen homogenen linearen Gleichungssystems.

<u>Bemerkung:</u>

Bei der praktischen Berechnungsvorgehensweise bringt man
die Matrix $[A,b]$ durch elementare Zeilenumformungen auf
die Gestalt $[B,c]$, wobei B eine Stufenmatrix ist, und stellt
fest, ob die Bedingung $rg(A) = rg(A,b)$, d.h. $rg(B) = rg(B,c)$
erfüllt ist. Dies ist genau dann der Fall, wenn in jeder
Nullzeile von B auch die entsprechende Komponente von c
Null ist. Setzen wir wiederum $rg(A) = rg(B) = r$, dann ist
damit folgendes gemeint:

$$
\begin{bmatrix}
a_{11} & a_{12} & \cdots & a_{1m} & b_1 \\
a_{21} & a_{22} & \cdots & a_{2m} & b_2 \\
\vdots & \vdots & & \vdots & \vdots \\
\vdots & \vdots & & \vdots & \vdots \\
\vdots & \vdots & & \vdots & \vdots \\
\vdots & \vdots & & \vdots & \vdots \\
\vdots & \vdots & & \vdots & \vdots \\
a_{n1} & a_{n2} & \cdots & a_{nm} & b_n
\end{bmatrix}
\xrightarrow{\text{element. Zeilenumform.}}
\begin{bmatrix}
b_{11} & b_{12} \cdots b_{1r} & b_{1,r+1} & b_{1,r+2} \cdots b_{1m} & c_1 \\
0 & b_{22} \cdots b_{2r} & b_{2,r+1} & b_{2,r+2} \cdots b_{2m} & c_2 \\
\vdots & \vdots \quad \vdots & \vdots & \vdots \quad \vdots & \vdots \\
0 & 0 \cdots b_{rr} & b_{r,r+1} & b_{r,r+2} \cdots b_{rm} & c_r \\
0 & 0 \cdots 0 & 0 & 0 \cdots 0 & c_{r+1} \\
0 & 0 \cdots 0 & 0 & 0 \cdots 0 & c_{r+2} \\
\vdots & \vdots \quad \vdots & \vdots & \vdots \quad \vdots & \vdots \\
0 & 0 \cdots 0 & 0 & 0 \cdots 0 & c_n
\end{bmatrix}
$$

Es ist $rg(A) = rg(A,b)$ genau dann, wenn $rg(B) = rg(B,c)$, und dies trifft genau dann zu, wenn

$$c_{r+1} = c_{r+2} = \ldots = c_n = 0$$

ist.

Im Falle der Lösbarkeit gemäß (6.11) macht man den Ansatz:

$$(6.13) \qquad x^{(o)} = \begin{bmatrix} x_1^{(o)} \\ x_2^{(o)} \\ \vdots \\ x_r^{(o)} \\ 0 \\ 0 \\ \vdots \\ 0 \end{bmatrix},$$

um eine spezielle Lösung des Gleichungssystems $Bx = c$ zu erhalten.

Die ersten r Komponenten des Vektors $x^{(o)}$ sind unbekannt. Man erhält sie durch Lösen des inhomogenen Gleichungssystems

$$(6.14) \qquad Bx^{(o)} = c$$

Dieses Gleichungssystem ist durch sukzessives Einsetzen direkt lösbar, da es sich um eine Stufensystem handelt.

Die allgemeine Lösung x^* des homogenen Gleichungssystems $Ax = 0$ erhält man wie in Bemerkung zu (6.8) erörtert.

Da jede Lösung des Gleichungssystems $Ax = b$ auch eine Lösung des Gleichungssystems $Bx = c$ und umgekehrt ist, erhält man mit (6.13), (6.14) und (6.8) die allgemeine Lösung (6.12) des inhomogenen linearen Gleichungssystems $Ax = b$.

Man nennt die in den Bemerkungen zu (6.8) und (6.12) dargestellte Lösungsmethode das <u>Gaußsche Eliminationsverfahren</u>.

Betrachten wir als Beispiel das folgende inhomogene lineare Gleichungssystem:

$$
\begin{array}{r}
-x_1 - x_2 \qquad + 2x_4 + x_5 = 3 \\
(6.15) \qquad x_1 + 2x_2 + x_3 + x_4 - 4x_5 = -5 \\
x_2 + x_3 + 3x_4 - 3x_5 = -2
\end{array}
$$

Es ist $n = 3$, $m = 5$ und

$$
A = \begin{bmatrix} -1 & -1 & 0 & 2 & 1 \\ 1 & 2 & 1 & 1 & -4 \\ 0 & 1 & 1 & 3 & -3 \end{bmatrix}, \ b = \begin{bmatrix} 3 \\ -5 \\ -2 \end{bmatrix}, \ [A,b] = \begin{bmatrix} -1 & -1 & 0 & 2 & 1 & 3 \\ 1 & 2 & 1 & 1 & -4 & -5 \\ 0 & 1 & 1 & 3 & -3 & -2 \end{bmatrix}
$$

Elementare Zeilenumformungen ergeben:

			A		b	
	-1	-1	0	2	1	3
[A,b]	1	2	1	1	-4	-5
	0	1	1	3	-3	-2
	1	1	0	-2	-1	-3
	1	2	1	1	-4	-5
	0	1	1	3	-3	-2
	1	1	0	-2	-1	-3
	0	1	1	3	-3	-2
	0	1	1	3	-3	-2
	1	1	0	-2	-1	-3
[B,c]	0	1	1	3	-3	-2
	0	0	0	0	0	0
			B		c	

Es ist

$$rg(A) = rg(A,b) = 2,$$

da gemäß Bemerkung zu (6.12) $c_3 = 0$, und damit

$$rg(B) = rg(B,c) = 2$$

ist.

Also ist das inhomogene lineare Gleichungssystem (6.15) nach Regel (6.11)
lösbar.

Wir machen nun gemäß (6.13) den
Ansatz:

$$
x^{(0)} = \begin{bmatrix} x_1^{(0)} \\ x_2^{(0)} \\ 0 \\ 0 \\ 0 \end{bmatrix}
$$

Lösen des Stufensystems $Bx^{(o)} = c$:

$$\begin{bmatrix} 1 & 1 & 0 & -2 & -1 \\ 0 & 1 & 1 & 3 & -3 \\ 0 & 0 & 0 & 0 & 0 \end{bmatrix} \begin{bmatrix} x_1^{(o)} \\ x_2^{(o)} \\ 0 \\ 0 \\ 0 \end{bmatrix} = \begin{bmatrix} -3 \\ -2 \\ 0 \end{bmatrix} \text{ ergibt die beiden Gleichungen}$$

$$x_1^{(o)} + x_2^{(o)} = -3$$
$$x_2^{(o)} = -2 \quad , \text{ woraus } x_1^{(o)} = -1, \ x_2^{(o)} = -2 \text{ folgt, so daß man}$$

$$x^{(o)} = \begin{bmatrix} -1 \\ -2 \\ 0 \\ 0 \\ 0 \end{bmatrix} \text{ als spezielle Lösung des inhomogenen Glei-}$$
chungssystems (6.15) erhält.

Die allgemeine Lösung des zu (6.15) gehörigen homogenen linearen Gleichungssystems hatten wir bereits ausgerechnet und

$$x^* = \begin{bmatrix} \alpha_1 + 5\alpha_2 - 2\alpha_3 \\ -\alpha_1 - 3\alpha_2 + 3\alpha_3 \\ \alpha_1 \\ \alpha_2 \\ \alpha_3 \end{bmatrix} \qquad (\alpha_1, \alpha_2, \alpha_3 \in \mathbb{R})$$

erhalten.

Damit lautet gemäß (6.12) die allgemeine Lösung des inhomogenen linearen Gleichungssystems (6.15) wie folgt:

$$x = x^{(o)} + x^* = \begin{bmatrix} -1 \\ -2 \\ 0 \\ 0 \\ 0 \end{bmatrix} + \begin{bmatrix} \alpha_1 + 3\alpha_2 - 3\alpha_3 \\ -\alpha_1 - 3\alpha_2 + 3\alpha_3 \\ \alpha_1 \\ \alpha_2 \\ \alpha_3 \end{bmatrix} \qquad (\alpha_1, \alpha_2, \alpha_3 \in \mathbb{R})$$

Wie man sieht, besitzt das inhomogene Gleichungssystem (6.15) unendlich viele Lösungen.

Wir wollen jetzt eine Regel angeben, wann ein lösbares inhomogenes lineares Gleichungssystem <u>genau eine</u> Lösung besitzt, also <u>eindeutig</u> lösbar ist.

(6.16) <u>Satz</u>

Ein inhomogenes lineares Gleichungssystem $Ax = b$ mit
n Gleichungen und m Unbekannten ist genau dann eindeutig lösbar, wenn

$$rg(A) = rg(A,b) = m$$

ist, d.h. wenn A vollen Spaltenrang besitzt.

Folglich hat $Ax = b$ wegen (6.5) genau eine Lösung, wenn das
zugehörige homogene lineare Gleichungssystem $Ax = 0$ nur die
triviale Lösung $x = 0$ besitzt.

Wenn ein inhomogenes lineares Gleichungssystem zwar lösbar,
aber nicht eindeutig lösbar ist, dann besitzt es unendlich
viele Lösungen:

Ein inhomogenes lineares Gleichungssystem $Ax = b$ mit
n Gleichungen und m Unbekannten, für das

$$rg(A) = rg(A,b) < m$$

gilt, besitzt unendlich viele Lösungen.

Daraus ergibt sich als Folgerung:

Ist die Anzahl der Gleichungen kleiner als die Anzahl
der Unbekannten (n < m), so besitzt $Ax = b$ unendlich
viele Lösungen.

Deshalb hatten wir auch im Beispiel (6.15), bei dem 3 Gleichungen mit 5 Unbekannten gegeben waren, unendlich viele
Lösungen erhalten.

Das in Bemerkung zu (6.12) dargestellte Gaußsche Elimina-
tionsverfahren läßt sich natürlich auch anwenden, wenn ein
inhomogenes lineares Gleichungssystem nicht unendlich viele, sondern genau eine Lösung besitzt.

Dazu betrachten wir das folgende inhomogene lineare Gleichungssystem mit 3 Gleichungen und 2 Unbekannten:

$$
(6.17) \qquad
\begin{aligned}
x_1 + x_2 &= 1 \\
-x_1 - 2x_2 &= 0 \\
x_1 + 3x_2 &= -1
\end{aligned}
$$

Es ist n = 3, m = 2 und

$$
A = \begin{bmatrix} 1 & 1 \\ -1 & -2 \\ 1 & 3 \end{bmatrix}, \quad
x = \begin{bmatrix} x_1 \\ x_2 \end{bmatrix}, \quad
b = \begin{bmatrix} 1 \\ 0 \\ -1 \end{bmatrix}
$$

Elementare Zeilenumformungen ergeben:

<table>
<tr><td></td><td colspan="3">A   b</td><td></td></tr>
<tr><td></td><td>1</td><td>1</td><td>1</td><td>Wegen</td></tr>
<tr><td>[A,b]</td><td>-1</td><td>-2</td><td>0</td><td></td></tr>
<tr><td></td><td>1</td><td>3</td><td>-1</td><td>rg(B) = rg(B,c) = 2 ist</td></tr>
</table>

[A,b]

$$
\begin{array}{cc|c}
1 & 1 & 1 \\
-1 & -2 & 0 \\
1 & 3 & -1 \\
\hline
1 & 1 & 1 \\
0 & -1 & 1 \\
1 & 3 & -1 \\
\hline
1 & 1 & 1 \\
0 & -1 & 1 \\
0 & 2 & -2 \\
\hline
1 & 1 & 1 \\
0 & -1 & 1 \\
0 & 0 & 0
\end{array}
$$

[B,c]

B   c

Wegen

rg(B) = rg(B,c) = 2 ist

rg(A) = rg(A,b) = 2 = m.

Damit ist das inhomogene Gleichungssystem (6.17) nach (6.16) eindeutig lösbar. Wir machen gemäß (6.13) den Ansatz:

$$
x^{(o)} = \begin{bmatrix} x_1^{(o)} \\ x_2^{(o)} \end{bmatrix} \quad \text{und lösen } Bx^{(o)} = c.
$$

Aus

$$
\begin{bmatrix} 1 & 1 \\ 0 & -1 \\ 0 & 0 \end{bmatrix}
\begin{bmatrix} x_1^{(o)} \\ x_2^{(o)} \end{bmatrix}
= \begin{bmatrix} 1 \\ 1 \end{bmatrix}
\quad \text{erhalten wir die Gleichungen:} \quad
\begin{aligned}
x_1^{(o)} + x_2^{(o)} &= 1 \\
- x_2^{(o)} &= 1
\end{aligned},
$$

so daß sich $x_1^{(o)} = 2$, $x_2^{(o)} = -1$ und damit

$$
x = x^{(o)} = \begin{bmatrix} 2 \\ -1 \end{bmatrix}
$$

als eindeutige Lösung des inhomogenen linearen Glei-

chungssystems (6.17) ergibt (das dazugehörige homogene lineare Gleichungssystem besitzt wegen (6.5) nur die triviale Lösung $x^* = 0$).

Aus (6.16) erhält man noch eine Folgerung für den Fall, daß
n Gleichungen und n Unbekannte vorliegen:

(6.18) <u>Satz</u>

Ein inhomogenes lineares Gleichungssystem Ax = b mit
n Gleichungen und n Unbekannten ist genau dann eindeutig lösbar, wenn A regulär, d.h. wenn

$$|A| \neq 0$$

ist.

In diesem Fall ist A invertierbar, und man erhält die eindeutig bestimmte Lösung von Ax = b auch auf folgendem Wege:

Multipliziert man die Gleichung Ax = b von links mit der
Inversen A^{-1} der Koeffizientenmatrix A, so ergibt sich

$$A^{-1}Ax = A^{-1}b,$$

und daraus folgt wegen $A^{-1}A = I_n$ als eindeutig bestimmte
Lösung:

(6.19) $$\boxed{x = A^{-1}b}$$

Sei als Beispiel das folgende inhomogene lineare Gleichungssystem von
3 Gleichungen mit 3 Unbekannten

$$\begin{aligned}
x_1 + x_2 - x_3 &= 3 \\
x_1 \qquad + 2x_3 &= -3 \\
3x_1 + x_2 + x_3 &= 1
\end{aligned}$$

gegeben.

Es ist n=m=3, und

$$
A = \begin{bmatrix} 1 & 1 & -1 \\ 1 & 0 & 2 \\ 3 & 1 & 1 \end{bmatrix}, \quad x = \begin{bmatrix} x_1 \\ x_2 \\ x_3 \end{bmatrix}, \quad b = \begin{bmatrix} 3 \\ -3 \\ 1 \end{bmatrix}.
$$

Im Beispiel zu (5.18) wurde bereits als Inverse

$$
A^{-1} = \begin{bmatrix} -1 & -1 & 1 \\ \frac{5}{2} & 2 & -\frac{3}{2} \\ \frac{1}{2} & 1 & -\frac{1}{2} \end{bmatrix}
$$

errechnet.

Damit ergibt sich nach (6.19) als eindeutig bestimmte Lösung dieses inhomogenen linearen Gleichungssystems:

$$
x = A^{-1}b = \begin{bmatrix} -1 & -1 & 1 \\ \frac{5}{2} & 2 & -\frac{3}{2} \\ \frac{1}{2} & 1 & -\frac{1}{2} \end{bmatrix} \begin{bmatrix} 3 \\ -3 \\ 1 \end{bmatrix} = \begin{bmatrix} 1 \\ 0 \\ -2 \end{bmatrix}.
$$

Natürlich führt die dem Leser zur Kontrolle überlassene Anwendung des
Gaußschen Eliminationsverfahrens zu demselben Ergebnis:

$$
\begin{bmatrix} 1 & 1 & -1 & | & 3 \\ 1 & 0 & 2 & | & -3 \\ 3 & 1 & 1 & | & 1 \end{bmatrix} \xrightarrow[\text{Zeilenumf.}]{\text{element.}} \begin{bmatrix} 1 & 1 & -1 & | & 3 \\ 0 & 1 & -3 & | & 6 \\ 0 & 0 & -2 & | & 4 \end{bmatrix} \quad \text{liefert}
$$

$$
\begin{array}{cc} A & b \end{array} \qquad\qquad \begin{array}{cc} B & c \end{array}
$$

$$
\begin{aligned}
x_1^{(0)} + x_2^{(0)} - x_3^{(0)} &= 3 \\
x_2^{(0)} - 3x_3^{(0)} &= 6, \quad \text{woraus } x^{(0)} = \begin{bmatrix} 1 \\ 0 \\ -2 \end{bmatrix} \text{ folgt.} \\
- 2x_3^{(0)} &= 4
\end{aligned}
$$

Abschließend betrachten wir noch eine Anwendungsmöglichkeit der Methoden dieses Kapitels im Rahmen des multiplen
linearen Regressionsmodells. Die multiple Regressionsanalyse ist eines der wichtigsten Verfahren der Sozialforschung. Sie ist sowohl für die beschreibende als auch für
die inferentielle Analyse von grundlegender Bedeutung. In
den meisten Anwendungssituationen soll mit Hilfe der mul-

tiplen Regressionsanalyse eine Kriteriumsvariable (abhän-
gige Variable) Y durch eine Reihe von Prädiktorvariablen
(unabhängige Variablen) $X_1, \ldots, X_k$ vorhergesagt werden.

Das Modell der multiplen Regression geht für eine Stichprobe von n Beobachtungen der Kriteriums- und Prädiktorvariablen von dem folgenden stochastischen Ansatz aus:

$$y_i = \beta_o + \beta_1 x_{i1} + \beta_2 x_{i2} + \ldots + \beta_k x_{ik} + \varepsilon_i; \quad i=1, \ldots, n.$$

ε_i sind dabei Realisierungen von nicht beobachtbaren Fehlervariablen bzw. Störgrößen. Die n Regressionsgleichungen
können in Matrixnotation wie folgt in Kurzform geschrieben
werden

(6.20) $\qquad y = X\beta + \varepsilon,$

wobei y der n-dimensionale Vektor der Beobachtungen der ab-
hängigen Variablen ist, X die $(n \times (k+1))$-Matrix der Meßwerte
der unabhängigen Variablen, β der $(k+1)$-dimensionale Para-
metervektor und ε der n-dimensionale zufällige Vektor der
Störgrößen.

Zur Schätzung der unbekannten Parameter $\beta_o, \beta_1, \ldots, \beta_k$ wird
die "Methode der kleinsten Quadrate" verwendet. Dabei betrachtet man die Differenzen zwischen den beobachteten Wer-
ten y_i und den Linearkombinationen $\beta_o + \beta_1 x_{i1} + \ldots + \beta_k x_{ik}$
und minimiert die Quadratsumme

$$(6.21) \quad R = \sum_{i=1}^{n} [y_i - (\beta_o + \beta_1 x_{i1} + \ldots + \beta_k x_{ik})]^2$$

in Abhängigkeit von $\beta_o, \beta_1, \ldots, \beta_k$. In Matrizenschreibweise
erhält man für die obige Quadratsumme

$$R = (y - X\beta)'(y - X\beta).$$

Die Berechnung der partiellen Ableitungen $\frac{\partial R}{\partial \beta_j}$ $(j=0,1,\ldots,k)$
und Nullsetzen dieser partiellen Ableitungen liefert die
sog. "Normalgleichungen"

$$\beta_o n + \beta_1 \sum_{i=1}^{n} x_{i1} + \quad \cdots \quad + \beta_k \sum_{i=1}^{n} x_{ik} \quad = \sum_{i=1}^{n} y_i$$

$$(6.22) \quad \beta_o \sum_{i=1}^{n} x_{i1} + \beta_1 \sum_{i=1}^{n} x_{i1}^2 + \quad \cdots \quad + \beta_k \sum_{i=1}^{n} x_{i1} x_{ik} = \sum_{i=1}^{n} x_{i1} y_i$$

$$\vdots \qquad\qquad\qquad\qquad\qquad\qquad \vdots$$

$$\beta_o \sum_{i=1}^{n} x_{ik} + \beta_1 \sum_{i=1}^{n} x_{ik} x_{i1} + \quad \cdots \quad + \beta_k \sum_{i=1}^{n} x_{ik}^2 \quad = \sum_{i=1}^{n} x_{ik} y_i$$

In Matrizenschreibweise ergeben sich die Normalgleichungen
in einfacher Weise zu:

$$(6.23) \qquad\qquad X'X\beta = X'y$$

(Man überzeuge sich durch Nachrechnen von der Identität
von (6.22) und (6.23)).

Faßt man die Matrix $X'X$ als Koeffizientenmatrix A der Unbekannten $\beta_o, \beta_1, \ldots, \beta_k$ auf und den Vektor $X'y$ als Vektor b,
so ergibt sich ein inhomogenes lineares Gleichungssystem
der Form (6.2).

In der Regressionsanalyse wird nun vorausgesetzt, daß die
Matrix X der Werte der unabhängigen Variablen den Rang
$k+1$, also vollen Spaltenrang, besitzt. Gemäß Bemerkung zu
(5.24) besitzt dann die quadratische Matrix $X'X$ den maxi-
malen Rang $k+1$ und ist somit invertierbar. Also liegt für
das inhomogene lineare System (6.23) der Normalgleichungen
die Situation (6.18) vor und nach (6.19) erhält man die
eindeutig bestimmte Lösung

$$(6.24) \qquad\qquad \hat{\beta} = (X'X)^{-1} X'y \ .$$

Die aus (6.24) ermittelten $\hat{\beta}_o, \hat{\beta}_1, \ldots, \hat{\beta}_k$ sind die "Kleinst-
Quadrate-Schätzungen" der unbekannten Regressionskoeffizienten.
In den beiden folgenden Übersichten geben wir noch eine
schematische Zusammenfassung aller logisch möglichen Lö-
sungssituationen homogener und inhomogener linearer Gleichungssysteme. Dabei wird der Begriff Gaußsches Elimina-
tionsverfahren durch die Bezeichnung GE abgekürzt.

<u>Weiterführende Literatur</u>: siehe Kap. 5.

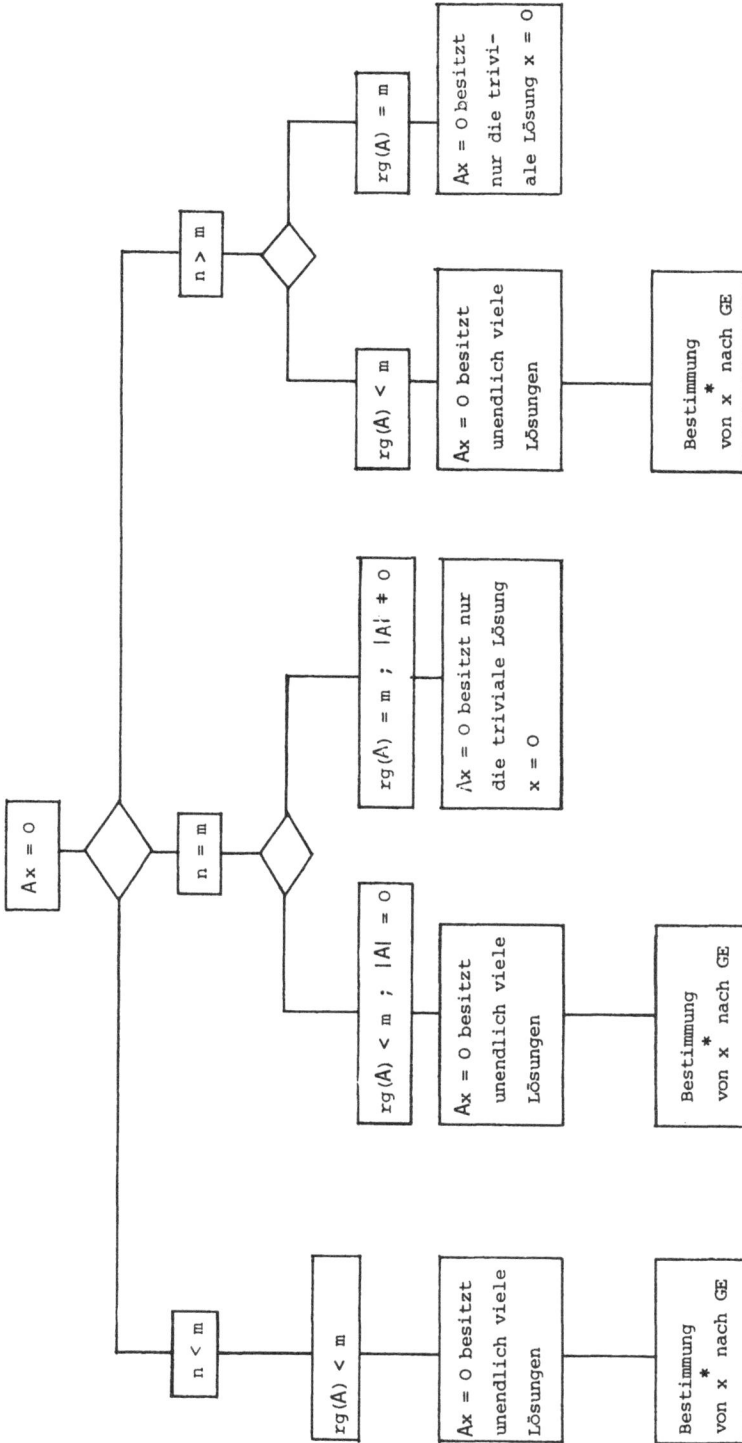

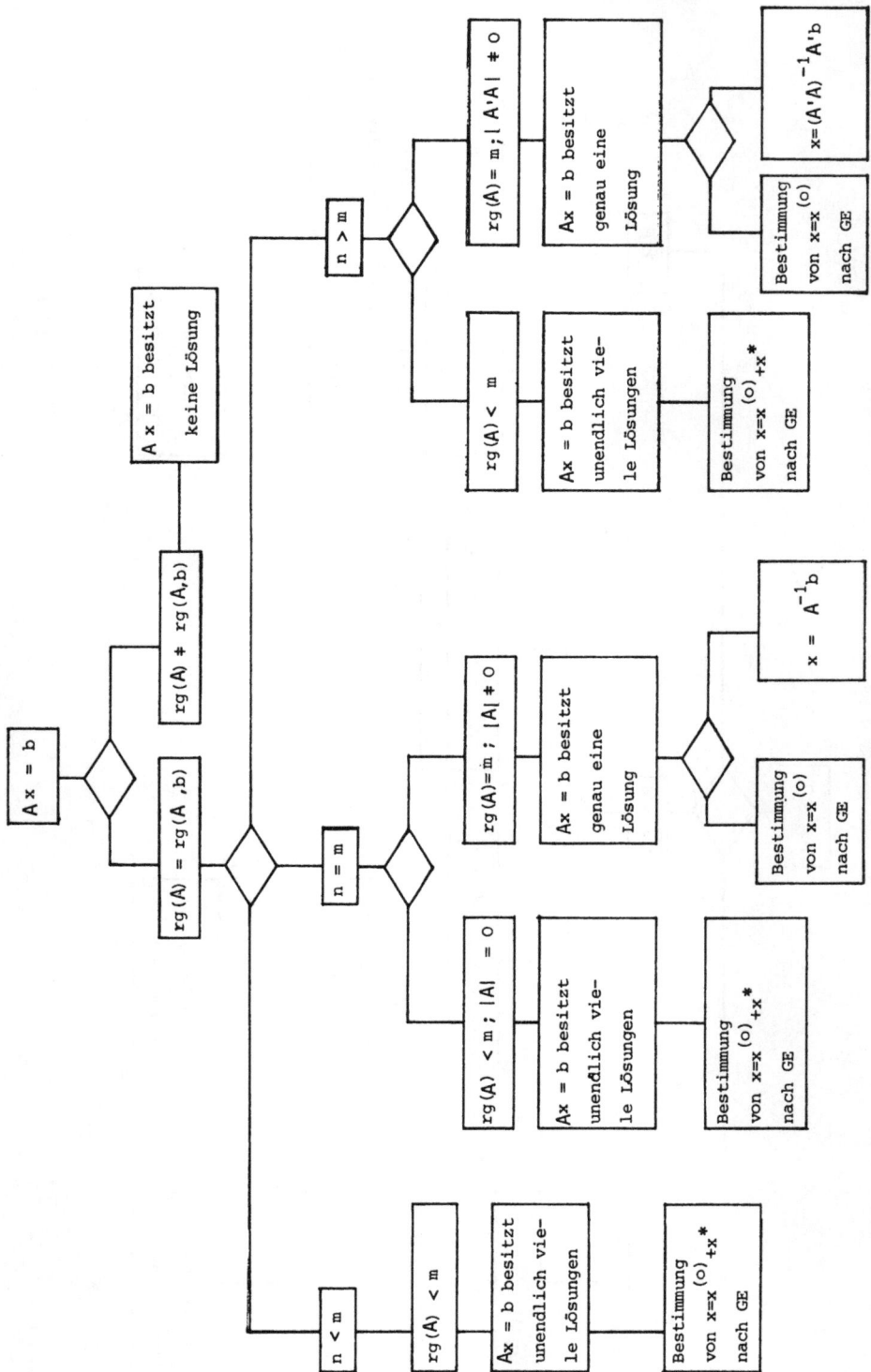

$Ax = b$

$rg(A) \neq rg(A,b)$

$rg(A) = rg(A,b)$

$A x = b$ besitzt keine Lösung

$n > m$

$n = m$

$n < m$

$rg(A) = m; |A'A| \neq o$

$Ax = b$ besitzt genau eine Lösung

$x=(A'A)^{-1}A'b$

Bestimmung von $x=x(o)$ nach GE

$rg(A) < m$

$Ax = b$ besitzt unendlich viele Lösungen

Bestimmung von $x=x(o)+x^*$ nach GE

$rg(A)=m ; |A| \neq o$

$Ax = b$ besitzt genau eine Lösung

$x = A^{-1}b$

Bestimmung von $x=x(o)$ nach GE

$rg(A) < m; |A| = o$

$Ax = b$ besitzt unendlich viele Lösungen

Bestimmung von $x=x(o)+x^*$ nach GE

$rg(A) < m$

$Ax = b$ besitzt unendlich viele Lösungen

Bestimmung von $x=x(o)+x^*$ nach GE

7. Kapitel: Eigenwerte, Eigenvektoren, Diagonalisierung symmetrischer Matrizen und Anwendungen in der Faktorenanalyse

---

Gegeben sei eine quadratische Matrix A der Ordnung $(n \times n)$. Gibt es einen Vektor x und eine Zahl λ, so daß die Gleichung

$$(7.1) \qquad Ax = \lambda x$$

erfüllt ist, dann heißt λ <u>Eigenwert</u> von A und x der dazugehörige <u>Eigenvektor</u> von A. Dabei schließt man triviale Lösungen von (7.1), nämlich x = O und λ beliebig aus.

Formt man (7.1) um, so erhält man:

$$(7.2) \qquad (A - \lambda I_n)x = O$$

(7.2) stellt bei gegebenem λ ein homogenes lineares Gleichungssystem in x dar und heißt <u>charakteristische Gleichung</u> der Matrix A.

Aus Satz (6.7) folgt, daß (7.2) genau dann eine nichttriviale Lösung x $\neq$ O besitzt, wenn

$$|A - \lambda I_n| = O$$

ist.

$|A - \lambda I_n|$ ist ein Polynom in λ vom Grade n und heißt <u>charakteristisches Polynom</u>, das zur Abkürzung mit $P_n(\lambda)$ bezeichnet wird.

Betrachten wir als Beispiel die (2×2)-Matrix

$$A = \begin{bmatrix} 8 & 7 \\ 1 & 2 \end{bmatrix}.$$

Dann lautet das zu A gehörige charakteristische Polynom:

$$P_2(\lambda) = |A - \lambda I_2| = \left| \begin{bmatrix} 8 & 7 \\ 1 & 2 \end{bmatrix} - \lambda \begin{bmatrix} 1 & 0 \\ 0 & 1 \end{bmatrix} \right| = \left| \begin{matrix} 8-\lambda & 7 \\ 1 & 2-\lambda \end{matrix} \right| =$$

$$= (8-\lambda)(2-\lambda) - 7 = \lambda^2 - 10\lambda + 9.$$

Die Nullstellen λ_i von $P_n(\lambda)$ sind die gesuchten Eigenwerte von A. Da jedes Polynom n-ten Grades n Nullstellen besitzt, gibt es zu A genau n, nicht notwendig verschiedene, Eigen-werte λ_i. Die zu λ_i gehörigen Eigenvektoren von A sind dann die Lösungen der homogenen linearen Gleichungssysteme

(7.3) $(A - \lambda_i I_n)x = 0$

wobei ein beliebiges Vielfaches (außer dem Nullfachen) eines zu λ_i gehörigen Eigenvektors ebenfalls ein zu λ_i ge-höriger Eigenvektor ist.

Fährt man in obigem Beispiel fort, so erhält man durch Be-stimmen der Nullstellen von $P_2(\lambda)$, also durch Lösen der Gleichung

$$\lambda^2 - 10\lambda + 9 = 0$$

die beiden Eigenwerte $\lambda_1 = 9$ und $\lambda_2 = 1$.

Die zu λ_1 und λ_2 gehörigen Eigenvektoren von A erhält man gemäß (7.3) wie folgt:

Zu $\lambda_1 = 9$:

Aus $(A - 9I_2)x = 0$ ergibt sich:

$$\begin{aligned} -x_1 + 7x_2 &= 0 \\ x_1 - 7x_2 &= 0 \end{aligned}$$

und damit $x = \begin{bmatrix} 7 \\ 1 \end{bmatrix}$. Alle Vektoren der Form $\alpha \begin{bmatrix} 7 \\ 1 \end{bmatrix}$, $\alpha \neq 0$, sind dann die Eigenvektoren zum Eigenwert $\lambda_1 = 9$.

Zu $\lambda_2 = 1$:

Aus $(A - I_2)x = 0$ ergibt sich:

$$7x_1 + 7x_2 = 0$$
$$x_1 + x_2 = 0$$

und damit $x = \begin{bmatrix} -1 \\ 1 \end{bmatrix}$. Alle Vektoren der Form $\alpha \begin{bmatrix} -1 \\ 1 \end{bmatrix}$, $\alpha \neq 0$, sind dann die Eigenvektoren zum Eigenwert $\lambda_1 = 1$.

Ganz allgemein nennt man die Aufgabe, die Eigenwerte und Eigenvektoren einer Matrix A der Ordnung (n×n) zu bestimmen, auch Eigenwertproblem.

Es sei erwähnt, daß die Eigenwerte keineswegs reell zu sein brauchen. Z.B. besitzt die Matrix

$$A = \begin{bmatrix} 0 & -1 \\ 1 & 0 \end{bmatrix}$$

keine reellen Eigenwerte, da das dazugehörige charakteristische Polynom $P_2(\lambda) = \lambda^2 + 1$ bekanntlich keine reellen Nullstellen besitzt, d.h. die Gleichung $\lambda^2 + 1 = 0$ ist für kein $\lambda \in \mathbb{R}$ erfüllt.

Für die Eigenwerte λ_i einer (n×n)-Matrix A gelten folgende für statistische Anwendungen nützliche Eigenschaften:

(7.4) $sp(A) := \sum\limits_{i=1}^{n} a_{ii} = \sum\limits_{i=1}^{n} \lambda_i$ (sp(A) heißt Spur der Matrix A)

(7.5) $|A| = \prod\limits_{i=1}^{n} \lambda_i$

(7.6) rg(A) ist gleich der Anzahl der von Null verschiedenen Eigenwerte von A

(7.7) Ist λ ein Eigenwert einer regulären Matrix A, dann ist $\frac{1}{\lambda}$ ein Eigenwert von A^{-1}

(7.8) Ist C eine reguläre Matrix, dann besitzen A und $B = C^{-1}AC$ dieselben Eigenwerte

(7.9) Die Eigenwerte einer Diagonalmatrix $D = diag(d_i)$ sind gerade die Hauptdiagonalelemente d_i $(i=1,\ldots,n)$

Aus (7.5) ist unmittelbar ersichtlich, daß eine quadratische Matrix A genau dann regulär ist, wenn alle ihre Eigenwerte ungleich null sind. Abschließend sei festgehalten,
daß die Eigenwerte einer quadratischen Matrix A nicht alle
verschieden zu sein brauchen. Beispielsweise besitzt die
Matrix

$$A = \begin{bmatrix} 8 & -9 \\ 1 & 2 \end{bmatrix}$$

zwei gleiche Eigenwerte, nämlich $\lambda_1 = \lambda_2 = 5$.

Sind allgemein unter den Eigenwerten $\lambda_1, \lambda_2, \ldots, \lambda_n$ einer
(n×n)-Matrix A k (k≤n) verschiedene Eigenwerte λ_i^* und
kommt λ_i^* (i=1,...,k) genau r_i mal vor, wobei natürlich
$\sum_{i=1}^{k} r_i = n$ gilt, so heißt λ_i^* r_i-facher Eigenwert oder Eigenwert der Vielfachheit r_i von A.

Bei dem eben erwähnten Beispiel ist $\lambda^* = 5$ 2-facher Eigenwert oder Eigenwert der Vielfachheit 2 von A.

Die für unsere Zwecke wichtigen Aussagen für symmetrische
Matrizen, die im folgenden Abschnitt erörtert werden, gelten aber auch für den Fall, daß nicht alle Eigenwerte verschieden sind.

Symmetrische Matrizen spielen im Rahmen der multivariaten
statistischen Analyse eine herausragende Rolle. Insbesondere ist die Eigenwerttheorie bei symmetrischen Matrizen
besonders einfach und bietet deshalb ein nützliches Hilfs-
mittel bei typischen Problemstellungen wie etwa Minimie-
rung oder Maximierung quadratischer Formen, Schätzung von
Parametern, etc.

Im folgenden werden die wichtigsten Aussagen über Eigenwerte und Eigenvektoren einer symmetrischen (n×n)-Matrix A
zusammengestellt:

(7.10) Alle Eigenwerte von A sind reell.

(7.11) Die zu verschiedenen Eigenwerten gehörenden
Eigenvektoren sind paarweise orthogonal. Falls
die Eigenwerte $\lambda_1, \lambda_2, \ldots, \lambda_n$ nicht alle verschieden sind, gibt es zu $\lambda_1, \lambda_2, \ldots, \lambda_n$ mindestens ein Set von n paarweise orthogonalen
Eigenvektoren $x_1, x_2, \ldots, x_n$.

(7.12) Zu A gibt es eine orthogonale Matrix P, so daß

$$P'AP = \Lambda \quad \text{bzw.} \quad A = P\Lambda P' \qquad (7.13)$$

ist. Dabei ist Λ eine Diagonalmatrix, deren
Hauptdiagonalelemente gerade die Eigenwerte
$\lambda_1, \lambda_2, \ldots, \lambda_n$ von A sind. Die Spaltenvektoren
von P bestehen aus paarweise orthonormalen
Eigenvektoren von A.

Man nennt (7.12) <u>Diagonalisierung einer symmetrischen</u>
<u>Matrix A</u> oder <u>orthogonale Transformation einer symme-</u>
<u>trischen Matrix A auf Diagonalgestalt</u>.

Als 'Beispiel wählen wir die symmetrische Matrix

$$A = \begin{bmatrix} 2 & 6 \\ 6 & -3 \end{bmatrix}.$$

Setzt man $|A - \lambda I_n| = 0$, erhält man die Eigenwerte $\lambda_1 = 6$
und $\lambda_2 = -7$ und nach (7.3) die dazugehörigen wegen (7.11)
orthogonalen Eigenvektoren

$$x_1 = \begin{bmatrix} \frac{3}{2} \\ 1 \end{bmatrix} \quad \text{und} \quad x_2 = \begin{bmatrix} -\frac{2}{3} \\ 1 \end{bmatrix}.$$

Die entsprechenden orthonormalen Eigenvektoren berechnet
man wie folgt:

$$x_1^* = \frac{1}{\sqrt{13}} \begin{bmatrix} 3 \\ 2 \end{bmatrix} \quad \text{und} \quad x_2^* = \frac{1}{\sqrt{13}} \begin{bmatrix} -2 \\ 3 \end{bmatrix}$$

und als orthogonale Matrix P erhält man

$$P = [x_1^*, x_2^*] = \frac{1}{\sqrt{13}} \begin{bmatrix} 3 & -2 \\ 2 & 3 \end{bmatrix}.$$

Daraus ergibt sich

$$\frac{1}{\sqrt{13}} \begin{bmatrix} 3 & 2 \\ -2 & 3 \end{bmatrix} \begin{bmatrix} 2 & 6 \\ 6 & -3 \end{bmatrix} \frac{1}{\sqrt{13}} \begin{bmatrix} 3 & -2 \\ 2 & 3 \end{bmatrix} = \begin{bmatrix} 6 & 0 \\ 0 & -7 \end{bmatrix}$$

$$P' \quad \cdot \quad A \quad \cdot \quad P \quad = \quad \Lambda$$

Die in (7.12) beschriebene Diagonalisierungsmöglichkeit
symmetrischer Matrizen ist für viele Anwendungen in den
Sozialwissenschaften von grundlegender Bedeutung. Sie bildet beispielsweise die Basis für die im Rahmen der Haupt-
komponenten- und Faktorenanalyse durchzuführende Haupt-
achsenrotation.

Den Ausgangspunkt der Analyse bildet die Stichproben-Kor-
relationsmatrix R. Man vergleiche dazu die Ausführungen
am Ende von Abschnitt 5.2.

Nach (5.11) gilt:

(7.14) $R = AA'$

und die Faktorladungsmatrix A ist zu ermitteln. Dazu werden die in diesem Abschnitt entwickelten Verfahren der
Eigenwerttheorie verwendet.

Da die Korrelationsmatrix R symmetrisch ist, existiert
nach (7.13) eine orthogonale Matrix P mit

(7.15) $R = P\Lambda P'$,

wobei Λ eine Diagonalmatrix ist, deren Hauptdiagonalelemen-
te gerade die Eigenwerte $\lambda_1, \lambda_2, \ldots, \lambda_m$ von R sind. Aus (7.15)
erhält man:

(7.16) $R = P\Lambda^{\frac{1}{2}}\Lambda^{\frac{1}{2}}P' = (P\Lambda^{\frac{1}{2}})\,(P\Lambda^{\frac{1}{2}})'.$

Mit $A = P\Lambda^{\frac{1}{2}}$ ist also eine Lösung der Gleichung (7.14) er-

mittelt. Setzt man dieses Ergebnis in das Grundmodell der
Hauptkomponentanalyse

(7.17) $Z = FA'$

ein, lassen sich dann die Faktorenwerte gemäß

(7.18) $F = ZP\Lambda^{-\frac{1}{2}}$

berechnen.

Das Modell der Hauptkomponentenanalyse - etwa in den Matrixform (7.17) bzw. (5.10) ist nicht eindeutig, denn den
nm Meßwerten steht eine wesentlich größere Zahl unbekann-
ter Parameter, die Faktorladungen und Faktorwerte, gegenüber. Es liegt ein sog. "Identifikationsproblem" vor. Man
erhält mit einer orthogonalen (k×k)-Matrix T eine zu (7.17)
äquivalente Darstellung (wegen $TT' = I$):

$Z = FTT'A'$

bzw.

(7.19) $Z = F^*A^{*'}$

mit $A^* = AT$ und $F^* = FT$.

Die Matrizen F^* und A^* erfüllen gleichfalls sämtliche Vor-
aussetzungen des Hauptkomponenten-Modells. Man nennt diese
Indeterminiertheit von F bzw. A das Rotationsproblem der
Hauptkomponenten- bzw. Faktorenanalyse. Es existieren eine
Reihe von Vorschlägen, z.B. die Varimax-, Equimax oder
Quartimax-Rotation, für die Wahl der Matrix T, so daß die
Faktorladungsmatrix eine möglichst einfache und inhaltlich
gut interpretierbare Gestalt erhält (Rotation zur "Einfach-
struktur"). Setzt man nicht voraus, daß die Faktoren ortho-
gonal sein sollen, kann T eine beliebige nichtsinguläre
Matrix sein ("schiefwinklige" oder "oblique" Rotation). Für
Details vergleiche man die einschlägige Literatur, z.B.
HARMAN (1976), REVENSTORF (1976) oder ÜBERLA (1971).

Ein weiteres Problem ergibt sich aus der Frage, wieviele

Faktoren "extrahiert" werden sollen. Zur übersichtlichen
Interpretation möchte man die Anzahl der Faktoren möglichst
gering halten. Ihre Obergrenze ist durch den Rang der
Matrix R festgelegt. Eine Möglichkeit besteht darin, die
Eigenwerte von R der Größe nach zu ordnen und nur diejenigen Faktoren zu extrahieren, deren zugehörige Eigenwerte
"groß genug" sind. In der Praxis wurden eine Reihe von Ab-
bruchkriterien für die Faktorenextraktion vorgeschlagen.
Für Details vergleiche man wieder die einschlägige Literatur.

Bei der Faktorenanalyse nach dem Modell mehrerer gemeinsamer Faktoren wird angenommen, daß sich die Variation eines
Merkmals aus einem Anteil zusammensetzt, der auf die Wirkung von einem oder mehrerer Faktoren zurückgeht (gemeinsame Varianz) und einem weiteren Anteil, der spezifische
Eigenarten des Merkmals beinhaltet (spezifische Varianz).
Für die beobachteten (standardisierten) Meßwerte wird
angenommen, daß sie sich aus dem additiven Zusammenwirken
der gemeinsamen Faktoren und eines für das jeweilige Merkmal spezifischen Faktors ergeben, daß also

$$z_{ij} = \sum_{l=1}^{k} a_{jl} f_{il} + d_j s_j$$

gilt. Dabei sind $s_1, \ldots, s_m$ die nur jeweils eine einzelne
Variable beeinflussenden spezifischen Faktoren. Wie beim
Hauptkomponenten-Modell läßt sich auch hier wieder eine
zu (7.14) analoge Beziehung ableiten, nämlich

$$R = AA' + DD,$$

wobei D eine $(m \times m)$-Diagonalmatrix ist, deren Hauptdiagonalelemente die Anteile $d_1, \ldots, d_m$ sind. Für die Hauptdiagonalelemente von R erhält man

$$1 = r_{jj} = a_{j1}^2 + \ldots + a_{jk}^2 + d_j^2.$$

Der von den gemeinsamen Faktoren herrührende Varianzanteil

$$h_j^2 = a_{j1}^2 + \ldots + a_{jk}^2$$

nennt man <u>Kommunalität</u> des j-ten Merkmals.

Bildet man die reduzierte Korrelationsmatrix

$$R_h = R-DD,$$

erhält man in Analogie zu (7.14):

$$R_h = AA'.$$

Die weiteren Schritte erfolgen dann wie beim Hauptkomponenten-Modell. Allerdings stehen jetzt in der Hauptdiagonalen von R_h die Kommunalitäten, die unbekannt sind und erst geeignet geschätzt werden müssen (Kommunalitätenproblem).

Im folgenden werden die einzelnen Schritte beim Modell der Hauptkomponenten- bzw. Faktorenanalyse nochmals zusammengefaßt.

(1) Aus der Datenmatrix X bildet man durch Standardisierung und gemäß der Beziehung

$$R = \frac{1}{n}Z'Z$$

die Korrelationsmatrix R.

(2) Gegebenenfalls wird aus R und den geschätzten Kommunalitäten h_j^2 die reduzierte Korrelationsmatrix R_h gebildet.

(3) Die (der Größe nach geordneten) Eigenwerte von R bzw. R_h und die zugehörigen normierten Eigenwerte werden sukzessive berechnet. Mit einem Abbruchkriterium wird die Anzahl r der zu extrahierenden Faktoren festgelegt. Diese sind, möglicherweise nach Durchführung einer Rotation zur Einfachstruktur, geeignet zu interpretieren.

(4) Gegebenenfalls sind die Faktorenwerte gemäß (7.18) auszurechnen. Die r Spalten der Faktorladungsmatrix A sind durch die r Eigenvektoren $a_1, \ldots, a_r$ gegeben.

Abschließend sei noch darauf hingewiesen, daß noch eine Reihe weiterer Lösungsmöglichkeiten existieren, die der

Spezialliteratur zu entnehmen sind. Obwohl Computerprogram-
me zur numerischen Lösung von Eigenwertproblemen leicht verfügbar sind, ist wegen der hier nur in Kürze angesprochenen
Probleme (z.B. Kommunalitätenproblem, Rotationsproblem, ge-
eignetes Abbruchkriterium bei der Faktorenextraktion, unsach-
gemäße Interpretation faktorenanalytischer Resultate, etc.)
bei der Anwendung faktorenanalytischer Methoden einige Vor-
sicht geboten.

Weiterführende Literatur:

siehe Kap. 5.

Alimov, N.G. (1950): Über geordnete Halbgruppen. Isvestija Akademii Nauk SSSR 14, 569-576.

Amthauer, R. (1955): IST, Intelligenz-Struktur-Test. Göttingen.

Apostel, L. (1961): Towards the formal study of models in the non-formal sciences. In: H. Freudenthal (Hg): The concept and the role of the model in mathematics and natural and social sciences. Dordrecht (Holland).

Bamberg, G., F. Baur (1980): Statistik. München-Wien.

Bartenwerfer, H., U. Raatz (1979): Einführung in die Psychologie, Bd. 6: Methoden der Psychologie. Wiesbaden.

Basler, H. (1977): Grundbegriffe der Wahrscheinlichkeitsrechnung und statistischen Methodenlehre. 7.Aufl. Würzburg-Wien.

Bishir, J.W., D.W. Drewes (1970): Mathematics in the Behavioral and Social Sciences. New York.

Bjork, R.A. (1973): Why mathematical models? American Psychologist 28, 426-433.

Bortz, J. (1977): Lehrbuch der Statistik - Für Sozialwissenschaftler. Berlin.

Campbell, N.R. (1928): An account of the principles of measurement and calculation. London.

Campbell, D.T., D.W. Fiske (1959): Convergent and discriminant validation by the multitrait-multimethod matrix. Psychological Bulletin 56, 81-105.

Coombs, C.H., R.M. Dawes, A. Tversky (1975): Mathematische Psychologie. Weinheim.

Cronbach, L.J., P.E. Meehl (1955): Construct validity in psychological tests. Psychological Bulletin 52, 281-302.

DeGroot, M.H. (1975): Probability and statistics. London.

Deppe, W. (1977): Formale Modelle in der Psychologie. Stuttgart.

Domotor, Z. (1972): Species of measurement structures. Theoria 38, 64-81.

Ellis, B. (1966): Basic concepts of measurement. London.

Fischer, G.H. (1974): Einführung in die Theorie psychologischer Tests. Bern.

Gantmacher, F.R. (1966): Matrizenrechnung, Bd. I und II. Berlin.

Graybill, F.A. (1969): Introduction to Matrices with Applications in Statistics. Belmont, California.

Green, P.E., J.D. Carroll (1976): Mathematical Tools for Applied Multivariate Analysis. New York.

Hadley, G. (1961): Linear Algebra. Reading, Mass.

Halmos, P.R. (1968): Naive Mengenlehre. Göttingen.

Harman, H.H. (1976): Modern Factor Analysis. 3rd ed. Chicago.

Hays, W.L. (1973): Statistics for the social sciences. London.

Hofmann, K.H. (1963): Zur mathematischen Theorie des Messens. Rozprawy Matematyczne 32, 1-31.

Holman, E.W. (1969): Strong and weak extensive measurement. Journal of Mathematical Psychology 6, 286-293.

--- (1971): A note on additive conjoint measurement. Journal of Mathematical Psychology 8, 489-494.

Jänich, K. (1979): Lineare Algebra. Berlin.

Kamke, E. (1965): Mengenlehre. Berlin.

Kemeny, J.G., J.L. Snell, G.L. Thompson (1963): Einführung in die endliche Mathematik. Göttingen.

Kerlinger, F. (1979): Grundlagen der Sozialwissenschaften. Weinheim.

Knerr, R. (1973): Mathematik. Frankfurt/Main.

Kochendörffer, R. (1967): Determinanten und Matrizen, 5.Aufl. Leipzig.

Kornmann, R. (1972): Minimalisieren Schulreifetests die Zahl der Fehlentscheidungen? Zeitschrift für Entwicklungspsychologie und Pädagogische Psychologie 4, 282-286.

Krantz, H., R.D. Luce, P. Suppes, A. Tversky (1971): Foundations of measurement I. New York.

Kreul, H., K. Kulke, H. Pester, R. Schroedter (1970): Lehrgang der Elementarmathematik. Frankfurt/Main.

Kristof, W. (1969): Untersuchungen zur Theorie psychologischen Messens. Meisenheim/Glan.

Lee, W. (1977): Psychologische Entscheidungstheorie. Weinheim.

Leik, R.K., B.F. Meeker (1975): Mathematical Sociology. Englewood Cliffs.

Lord, F.M., M.R. Novick (1968): Statistical theories of mental test scores. Reading, Mass.

Menne, A. (1966): Einführung in die Logik. Bern.

Nisbett, R., L. Ross (1980): Human Inference: Strategies and Shortcomings of Social Judgment. New Jersey.

Oberhofer, W. (1978): Lineare Algebra für Wirtschaftswissenschaftler. München.

Orth, B. (1974): Einführung in die Theorie des Messens. Stuttgart.

Pfanzagl, J. (1959): Die axiomatischen Grundlagen einer allgemeinen Theorie des Messens. Würzburg.

--- (1971): Theory of Measurement. 2nd printing. Würzburg.

Pfuff, F. (1979): Mathematik für Wirtschaftswissenschaftler 2. Braunschweig.

Picker, B. (1973): Mengenlehre 1. Düsseldorf.

Rapoport, A. (1980): Mathematische Methoden in den Sozialwissenschaften. Würzburg-Wien.

Revenstorf, D. (1976): Lehrbuch der Faktorenanalyse. Stuttgart.

Roberts, F.S., R.D. Luce (1968): Axiomatic thermodynamics and extensive measurement. Synthese 18, 311-326.

Rozeboom, W.W. (1966): Scaling theory and the nature of measurement. Synthese 16, 170-233.

Schaich, E. (1977): Schätz- und Testmethoden für Sozialwissenschaftler. München.

Schmetterer, L. (1966): Einführung in die mathematische Statistik. 2. Aufl. Berlin.

Searle, S.R. (1966): Matrix Algebra for the Biological Sciences (including applications in statistics). New York.

Stevens, S.S. (1946): On the theory of scales of measurement. Science 103, 677-680.

--- (1951): Mathematics, measurement, and psychophysics. In: Stevens, S.S. (ed.): Handbook of experimental psychology. New York.

Stilson, D.W. (1966): Probability and Statistics in Psychological Research and Theory. San Francisco.

Suppes, P. (1960): Axiomatic Set Theory. Princeton.

Suppes, P., J.L. Zinnes (1963): Basic measurement theory. In: Luce, R.D., R.R. Bush, E. Galanter (eds.): Handbook of Mathematical Psychology. New York, 1-76.

Tack, W.H. (1969): Mathematische Modelle in der Sozialpsychologie. In: Graumann, C.F. (Hg.): Handbuch der Psychologie, Bd. 7: Sozialpsychologie, Göttingen, 232-265.

Torgerson, W.S. (1965): Theory and methods of scaling. New York.

Überla, K. (1971): Faktorenanalyse. 2. Aufl. Berlin.

Winkler, R.L., W.L. Hays (1975): Statistics: probability, inference and decision. 2nd ed. New York.

Wottawa, H. (1977): Psychologische Methodenlehre. München.

Zurmühl, R. (1964): Matrizen und ihre technischen Anwendungen. Berlin.

Sachwortverzeichnis

www.ingramcontent.com/pod-product-compliance
Lightning Source LLC
Chambersburg PA
CBHW031441180326
41458CB00002B/608